JN452261

전기 공학도를 위한

기초 전기 전자 실험

조남훈 강대승 최우진 지음

gb
지오아카데미

전기 공학도를 위한

기초 전기 전자 실험

초판인쇄 2021년 3월 1일
초판발행 2021년 3월 1일

저 자 조남훈 강대승 최우진

펴 낸 곳 지오아카데미
발 행 인 신은정
주 소 서울 중구 퇴계로 213 일흥빌딩 408호
등 록 2016년 3월 7일 제395-2016-000014호
전 화 02)381-0706 | **팩스** 02)371-0706
이 메 일 emotion-books@naver.com
홈페이지 www.geobooks.co.kr

ISBN 979-11-91346-02-2
값 10,000원

이 책은 저작권법으로 보호받는 저작물입니다.
이 책의 내용을 전부 또는 일부를 무단으로 전재하거나 복제할 수 없습니다.
파본이나 잘못된 책은 바꿔드립니다.

CONTENTS

실험의 기초

부 록

머리말

21세기는 최첨단 기술의 사회이며, 시시각각 변화하는 기술을 대처하기 위해서는 기초 지식을 강화하여야 한다. 특히, 기.전자 공학에서의 실험의 중요성은 매우 크다고 할 수 있다.

이를 위해서 전기.전자 공학을 학습하는데 필요한 직류 및 교류 회로의 기본적인 요소를 바탕으로 회로이론을 처음으로 접하는 공학도들에게 실험을 통하여 기초이론을 효과적으로 이해할 수 있도록 하였다.

이 책은 각 실험마다 실험목적, 주요단어, 관련이론, 실험부품, 실험방법, 결과보고서 등으로 구분하여 구성하였으며, 이 교재만으로도 융통성 있게 실험 할 수 있도록 구체적인 해설을 추가하였기 때문에 실험을 하는데 많은 도움이 될 것으로 생각된다.

본 교재는 회로의 기본법칙으로 옴의 법칙과 키르히호프의 법칙, 중첩의 원리, 테브난. 노튼의 정리 등을 다루었다. 그리고 저항과 커패시턴스, 인덕턴스의 특징과 전압-전류와의 관계를 다루었으며, 교류회로의 특징을 살펴보기 위하여 R-L-C 회로의 위상차와 공진, 교류전력에 대하여 살펴보았다. 마지막으로 실험에 대한 이해와 도움을 주고자 부록을 이용하여 부품의 식별과 검사, 계측기기의 사용법과 P-spice의 소개를 다루었다.

본 교재가 전기.전자 공학도들에게 회로이론의 이해를 위하여 심혈을 기울여 제작되었지만, 아직 미흡한 점에 대해서는 선배제현들의 지도조언을 바탕으로 지속적인 보완작업을 통하여 더욱 좋은 실험서가 되도록 노력하고자 한다. 더불어 본서의 출간을 위해 많은 정성을 기울여 주신 여러분의 노고에 감사드리며 감사의 뜻을 표한다.

실험의 기초

실험의 기초

1 실험의 목적

실험의 목적은 실험을 기본으로 하여 실험조원의 협동심을 유발시킬 수 있고 탐구적인 태도를 배양함과 동시에 전공에서 이미 배운 이론적 지식을 실험을 통해 직접 확인함으로써, 전공에 대한 확실한 이해를 목적으로 한다. 따라서 실험에 임할 때에는 사전에 충분한 준비를 해야함은 물론 실험과 관련한 기본적인 이론 확립이 되어 있지 않으면 안 된다.

또한, 실험기기 및 부품 등을 직접 취급하면서 이들의 작동 원리, 구조, 취급방법 및 측정 회로의 구성방법 등 실험기법을 습득하는데 있으며, 실험 결과를 정리하여 실험 보고서를 작성함으로써 기술 보고서 및 논문 등의 정리 및 작성법을 배우는 데 있다.

2 실험 시 유의 사항

1) 모든 실험 장비는 조심스럽게 다루도록 한다. 특히 미소 전류나 전압의 측정 시 정밀급의 계측기가 자주 사용되므로 세심한 주의가 요구되며 항상 지시사항을 잘 준수하도록 한다.
2) 실험에 임하기 전 실험의 목적, 원리 및 주의사항 등을 숙지하도록 한다.
3) 실험 노트에는 실험방법과 회로도, 사용기기 및 그의 명칭, 정격, 측정치와 측정조건 등을 빠짐없이 기록하도록 한다.

4) 실험기기는 신중하고 조심스럽게 취급하고 무리한 힘이나 사용 범위 밖에서는 사용하지 않아야 한다. 즉, 실험 기기의 동작 원리, 사용설명서 등을 사전에 충분히 숙지하여야 한다. 사용 중에 기기의 파손이나 오동작이 발생했을 때는 담당 교수나 조교에게 알리어 적절한 조치를 취해야 한다.
5) 실험부품의 선택 시 부품의 정격에 유의하여야 한다.
6) 실험기기나 실험부품은 절대로 과신하지 말아야 한다. 실험하기 전에 기자재 및 부품의 이상 유무를 잘 파악하고 실험의 결과를 예측하는 습관을 갖도록 한다.
7) 회로도의 결선은 접속순서에 따라 전원 단자로부터 시작하여 직렬로 된 주 회로를 완성한 후에 회로에 병렬로 접속되는 기기 등을 접속하도록 한다.
8) 실험 중에는 음향, 냄새 등에 특히 유의하며 이상이 있을 시는 즉시 전원을 끈 후 이를 보고하여 점검을 받도록 한다.
9) 실험에 관한 자료, 즉 이론, 목적, 방법 및 결과를 상세히 기록하는 습관을 갖도록 한다. 이는 실험 결과의 정리 및 분석한 내용의 중요한 자료가 되기 때문이다.
10) 실험 중에는 현상의 전체적인 경향을 파악하면서 실험을 하는 것이 매우 중요하다. 즉, 지금 측정하고자 하는 것이 무슨 현상이며, 그 상관성을 정확히 이해하는 것이 실험의 가장 기본 조건이다. 다음은 실험의 세세한 변화를 주의 깊게 관찰하고 이상 현상은 빠짐없이 기록하도록 한다.
11) 실험 결과를 기록할 때는 반드시 단위를 사용한다. 특별한 경우를 제외하고는 MKS단위계를 사용하도록 한다.

3 실험데이터 처리

1) 측정기록이나 관찰되는 모든 사항은 빠짐없이 기록하며, 이 중 특이한 현상은 반드시 실험 결과에서 검토하도록 한다.
2) 실험 측정 시 오차를 줄이도록 노력한다.

오차

실험의 결과를 측정하는 경우 측정기구를 이용하여 세심한 주의를 기울여 측정자의 과실이 없도록 측정하더라도 측정결과는 참값에 가까울 뿐 진실치는 아니다. 다시 말하면 진실치가 t인 양을 측정하여 z라는 측정치를 얻었다면 일반적으로 t와 z는 일치하지 않는다.

$$x = z - t$$

이 차가 측정의 오차이다. 진실치 즉 참값은 정확히 알 수 없는 양이므로 오차도 정확히 알 수는 없고 단지 추측할 수 있는 수치일 뿐이다. 일반적으로 오차는 다음과 같이 구분할 수 있다.

* **계통오차**(Systematic error) : 측정계기의 미비한 점에 기인되는 오차로서 그 크기와 부호를 추정할 수 있고 보정할 수 있는 오차이다.

* **우발오차**(Random error) : 한 가지 실험측정을 반복할 때 측정값들의 변동으로 인한 오차를 말한다.

계통오차는 측정 시 실험자가 주의하면 제거할 수 있으며 보정이 가능하다. 그러나 우발오차는 계통오차와는 달리 제거할 수 없고 보정할 수도 없는 것이지만 측정의 회수를 될 수 있는 대로 많이 하여 오차의 분포를 살펴 가장 확실성 있는 값을 구한다. 일반적으로 계통오차가 없을 때는 측정결과가 정확하다고 말하고, 우발오차가 작을 때는 정밀하다고 말한다.

3) 측정치의 계산에서 유효숫자는 정확히 처리되도록 한다.

유효숫자

실험에서 측정된 값은 정밀기계를 이용하더라도 정확한 값을 측정할 수 없다. 그래서 유효숫자를 이용하여 측정된 값 중 정확한 숫자를 나타내 주어야 한다. 예를 들어 57.4와 57.40을 비교하면 다음과 같다. 57.4는 소수점 첫째 자리가 어림한 값이며, 57.40은 소수점 첫째 자리는 정확한 값이고 둘째 자리는 어림한 값을 가진다는 의미이다.

유효숫자를 이용하여 112.46576823인 측정값을 나타내면 다음과 같다.

유효숫자가 3자리인 경우 : 1.12×10^2

유효숫자가 4자리인 경우 : 1.125×10^2

유효숫자가 5자리인 경우 : 1.1247×10^2

실험기기를 이용하여 측정할 경우 측정기기의 최소눈금까지가 유효숫자이다. 예를 들어 최소눈금이 10인 측정기기에서 1200을 얻었을 경우 유효숫자는 1.20×10^2 이다.

측정값의 사칙연산

측정값의 덧셈.뺄셈을 할 때는 유효숫자를 가장 작은 자리로 맞춰서 계산한다. 즉, 끝자리를 반올림에 의하여 같은 자리로 맞추어 계산한다.

ex)

1.41		1.41	
+ 12.738	→	+ 12.74	← 반올림하여 소수 둘째 자리까지 유효숫자를 맞춘다
		14.15	

측정값의 곱셈.나눗셈을 할 때는 유효숫자를 가장 적은 개수로 맞춰서 계산하고, 그 계산 결과도 반올림하여 유효숫자 개수를 같게 한다.

ex)

17		17	
x 3.28	→	x 3.3	← 반올림으로 유효숫자의 개수를 적은 쪽으로 맞추고, 계산 결과도 유효숫자를 맞춰준다.
		56.1 → 56	

4 보고서 작성 요령

공학도에 있어 자기가 행한 실험 및 연구 결과를 다른 사람이 잘 알아볼 수 있도록 체계적으로 보고서를 작성하는 일이 실험의 과정 못지않게 매우 중요하다고 할 수 있다. 보고서양식은 실험 내용이나 목적 등에 따라 다소 차이가 있으나 대개 다음의 순서대로 작성한다.

① 실험 제목

② 실험 목적

③ 관련 이론

④ 회로도와 결선도

⑤ 실험장치 및 부품

⑥ 실험방법 및 순서

⑦ 실험 결과

⑧ 결론(실험 전반에 대한 검토 및 비판, 의견 등)

5 단위와 기호

일반적으로 전기적인 양의 표시 단위는 주로 MKS 단위계에 필요한 이차적인 단위를 부가하며 [표 1-1]과 같이 사용되고 있다. 또한, 숫자의 배수를 나타내는 표준 접두어는 [표 1-2]와 같다.

[표 1-1] 주요단위 및 기호

파라미터	기호	명칭	단위	파라미터	기호	명칭	단위
전류	I	ampere	[A]	전력	P	watt	[W]
전압	V	volt	[V]	전하	Q	coulomb	[C]
저항	R	ohm	[Ω]	정전용량	C	farad	[F]
컨덕턴스	G	mho	[℧],[S]	인덕턴스	L	henry	[H]
에너지	W	joule	[J]	주파수	f	hertz	[Hz]

[표 1-2] 미터법의 표준 접두어

배수	접두어 명칭	기호
10^{12}	tera	T
10^{9}	giga	G
10^{6}	mega	M
10^{3}	kilo	k
10^{-2}	centi	c
10^{-3}	milli	m
10^{-6}	micro	μ
10^{-9}	nano	n
10^{-12}	pico	p

실험 01 옴의 법칙·키르히호프 법칙

1 실험의 목적

직류회로에서 저항소자에 흐르는 전류와 전압의 관계를 실험적으로 확인하여, 옴의 법칙을 이해한다. 또한, 직류회로에서 저항소자에 흐르는 전류와 전압의 관계를 실험적으로 확인하여, 키르히호프의 제 1법칙(전류법칙:KCL) 및 제 2법칙(전압법칙:KVL)을 이해한다.

2 주요단어

옴의 법칙, 키르히호프의 전류법칙(KCL), 키르히호프의 전압법칙(KVL)

3 관련이론

(1) 옴의 법칙(Ohm's Law)

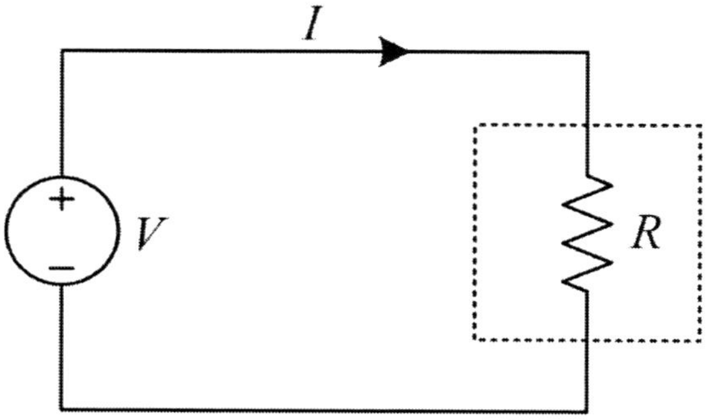

[그림1-1] 옴의 법칙

폐회로에 연결된 저항에 흐르는 전류는 그 저항 양단에 걸리는 전압에 비례하고, 저항값에 반비례한다. 이러한 특성을 옴의 법칙(Ohm's law)이라고 하며, 전기 이론 중 가장 기본이 되는 공식이다. 전압, 전류, 저항을 각각 $V[V]$, $I[A]$, $R[\Omega]$이라 할 때, 옴의 법칙은 다음의 수식(1)과 같이 표현된다.

$$I[A] = \frac{V[V]}{R[\Omega]} \tag{1}$$

(2) 키르히호프 전류 법칙(Kirchhoff's Current Law: KCL)

키르히호프 전류 법칙은 "회로의 임의의 점에 들어오는 전류의 양과 흘러나가는 전류의 양은 같다" 이다. 즉, 회로망 중의 임의의 접속점(node)을 기준으로 전류가 node에 유입하는 경우 (+)부호를, 유출하는 경우 (-)부호를 붙여 임의의 점에 들어오는 전류의 총 합이 "0"이 되게 하여 사용한다. [그림 1-2]에서의 node의 경우, node를 기준으로 유입되는 전류는 I_1, I_3, I_4 이고, 유출되는 전류는 I_2, I_5 이므로, 키르히호프 전류 법칙을 적용하면,

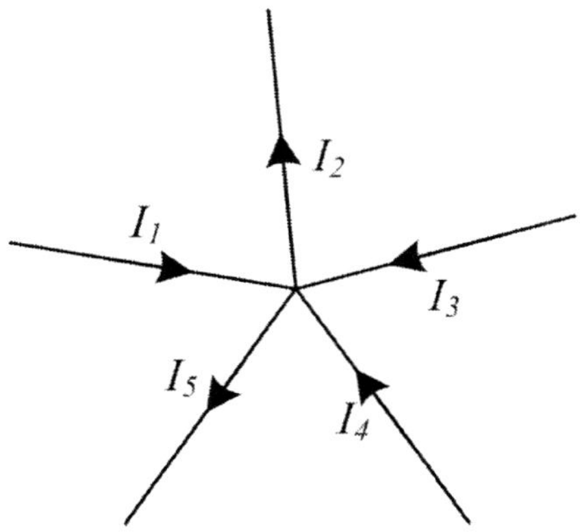

[그림 1-2] 키르히호프의 전류 법칙

$$I_1 - I_2 + I_3 + I_4 - I_5 = 0 \tag{2}$$

식(2)을 일반식으로 나타내면 식(3)이 된다.

$$\Sigma I_k = 0 \tag{3}$$

(3) 키르히호프 전압 법칙(Kirchhoff's Voltage Law : KVL)

키르히호프 전압 법칙은 "임의의 폐회로에서 한 점에서 일정한 방향으로 일주하면서 취한 전압강하의 총합은 이 폐회로에 걸리는 기전력의 총합과 같다"는 것이다. 키르히호프 전압 법칙을 적용하기 위해 우선 적용하려는 임의의 폐회로를 정한다. 이 폐회로에 대해 루프(loop)를 그리면, 루프의 방향이 기준 방향이 된다. 폐회로의 각 부분의 저항에 흐르는 전류 방향과 기준 방향을 비교해서 방향이 일치하면 (+)로, 반대인 경우(-)로 한다. 그리고 폐회로 중의 기전력도 각 기전력의 방향과 기준 방향이 일치되면 (+)로, 반대이면 (-)로 한다.

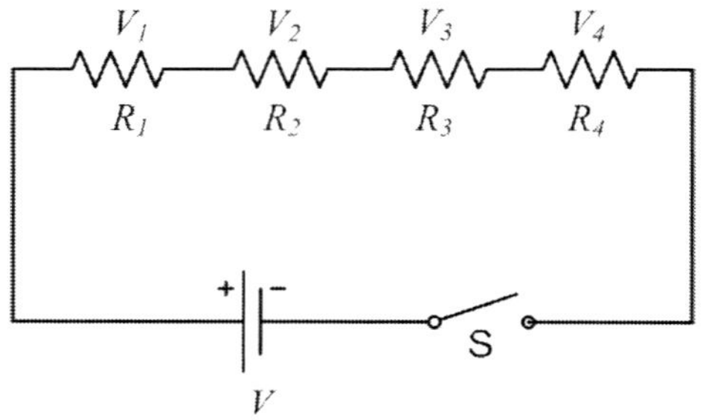

[그림 1-3] 저항의 직렬 연결 회로

키르히호프의 전압 법칙을 [그림 1-3]에 적용하면, R_1, R_2, R_3, R_4 가 직렬로 연결되어 있으므로 직렬합성저항 R_T는 식(4)와 같이 나타낼 수 있다.

$$R_T = R_1 + R_2 + R_3 + R_4 \tag{4}$$

여기에서 저항의 직렬회로에 흐르는 전류를 I_T라 하면 옴의 법칙에 의해

$$V = I_T \times R_T \tag{5}$$

이 되고, R_T에 $R_1 + R_{2,} + R_{3,} + R_4$를 대입하면,

$$V = I_T(R_1 + R_2 + R_3 + R_4) \tag{6}$$

이 되고, 이를 전개하면,

$$V = I_T R_1 + I_T R_2 + I_T R_3 + I_T R_4 \tag{7}$$

이다. 여기에서 $I_T R_1 = V_1$, $I_T R_2 = V_2$, $I_T R_3 = V_3$, $I_T R_4 = V_4$ 이라 하면,

$$V = V_1 + V_2 + V_3 + V_4 \tag{8}$$

이 된다. 따라서, 다수의 기전력과 다수의 수동소자를 포함하고 있는 회로망에서 식(9)가 성립된다.

$$\Sigma E_n = \Sigma V_n \tag{9}$$

여기에서, ΣE_n은 기전력의 총합이며, ΣV_n은 전압강하의 총합이다.

(4) 키르히호프의 법칙 적용 예제

[그림 1-4]은 loop가 두개인 회로이다. 그림의 회로에서 KCL과 KVL을 이용해 전류값을 구하고 비교해 보자.

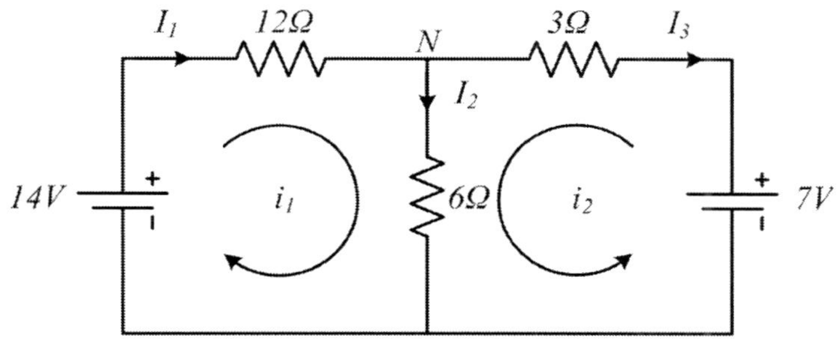

[그림 1-4] 두 개의 loop를 가지는 회로

① 키르히호프 전류 법칙 이용

[그림1-4]의 회로에 KCL을 적용하면, 접속점 N에서

$$I_1 - I_2 - I_3 = 0 \tag{10}$$

의 식이 성립되고, 접속점 N의 전위를 V라 하면,

$$\begin{aligned} I_1 &= (14 - V)/12 \\ I_2 &= V/6 \\ I_3 &= (V - 7)/3 \end{aligned} \tag{11}$$

이 되고, 이를 위의 식에 대입하여 V를 구하면 $V = 6[V]$가 되므로,

$$I_1 = \frac{2}{3}[A], \quad I_2 = 1[A], \quad I_3 = -\frac{1}{3}[A] \tag{12}$$

이 된다.

② 키르히호프 전압 법칙 이용

loop 방향을 i_1, i_2로 설정하고, loop1에서,

$$-14 + 12 \times i_1 + 6 \times (i_1 + i_2) = 0 \quad (13)$$

의 식이 나오고, loop2에서는,

$$6 \times (i_2 + i_1) + 3 \times i_2 - 7 = 0 \quad (14)$$

가 나오게 된다. 앞의 두 식을 연립하여 풀면,

$$i_1 = \frac{2}{3}[A], \;\; i_2 = \frac{1}{3}[A] \quad (15)$$

$$I_1 = i_1, \;\; I_2 = i_1 + i_2, \;\; I_3 = -i_2 \quad (16)$$

$$I_1 = \frac{2}{3}[A], \;\; I_2 = 1[A], \;\; I_3 = -\frac{1}{3}[A] \quad (17)$$

이 나오게 되어, KCL을 이용했을 때와 같은 값을 가진다.

4 사용부품 및 장비

장비		DMM(Digital Multi-Meter) Bread Board Power Supply	
부품	저항	$1k\Omega$	4개
		$2k\Omega$	2개
		$3k\Omega$	1개

5 실험방법

(1) 옴의 법칙(Ohm's Law)

① 전압계와 전류계의 극성에 유의하여 [그림 1-5]의 회로를 결선한다.

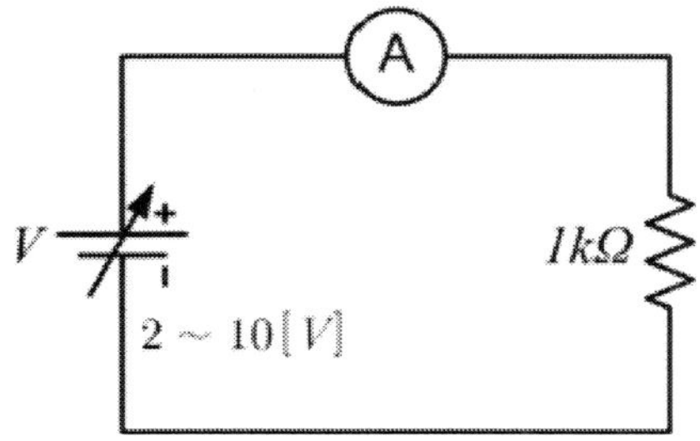

[그림 1-5] 옴의 법칙 실험 회로

② [그림 1-5]의 회로에서 전원전압을 변화시키면서 측정된 전류의 값을 [표 1-1]에 기록한다.

③ 계산된 값과 실측값과의 차이를 비교해 본다.

(2) 키르히호프 전류 법칙

① [그림 1-6]의 회로를 결선하고 각 저항에 흐르는 전류를 측정하여 [표 1-3]에 기록한다

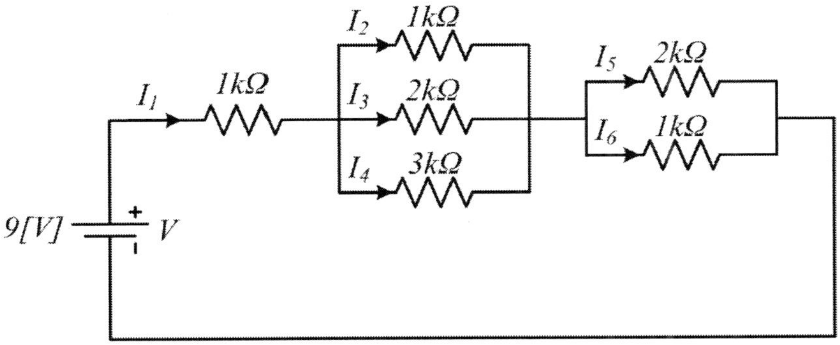

[그림 1-6] 키르히호프의 전류 법칙 실험 회로

② [그림 1-6]의 회로에서 9[V] 전압원을 12[V]전압원으로 바꾸고 각 저항에 흐르는 전류를 측정하여 [표 1-2]에 기록하여라.

③ [표 1-2]의 측정값과 계산값 결과를 비교하여 키르히호프의 전류 법칙이 성립됨을 확인하여라.

(3) 키르히호프 전압 법칙

① [그림 1-7]와 같이 회로를 결선하고, $V_a = 9[V]$, $V_b = 12[V]$인 경우와 $V_a = 12[V]$, $V_b = 9[V]$인 경우에 대하여 I_1, I_2, I_3 및 V_1, V_2, V_3와 접속점 n의 전위 V를 측정하여 [표 1-5]에 기록하여라.

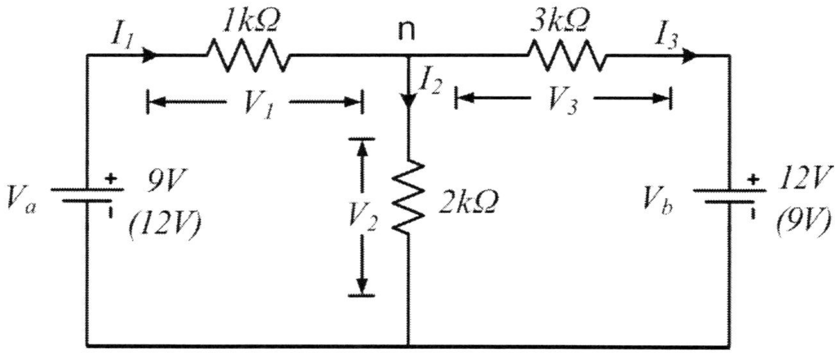

[그림 1-7] 키르히호프의 전압 법칙 실험 회로

② [표 1-3]의 측정값과 계산값 결과를 비교하여 키르히호프의 전압 법칙이 성립됨을 확인하여라.

실험 01

옴의 법칙·키르히호프 법칙

학 과		학 년		조	
학 번		이 름		평 가	

1. 실험의 목적 및 배경(과거의 관련된 연구 결과 및 이론)

2. 본론 (실험에서 중요하다고 생각하는 것을 쓰고 논하시오)

3. 결과 예측 (p-spice 시뮬레이션 결과를 붙이고 해석하시오.)

4. 실험 결과

[표 1-1] 옴의 법칙 실험 결과

전원전압$E[V]$	전류계의 지시값$[mA]$	전류의 계산값$[mA]$	상대 오차
2			
4			
6			
8			
10			

[표 1-2] 키르히호프의 전류 법칙 실험 결과

	$V[V]$	$I_1[mA]$	$I_2[mA]$	$I_3[mA]$	$I_4[mA]$	$I_5[mA]$	$I_5[mA]$
측정값	9						
	12						
계산값	9						
	12						
상대오차	-						

[표 1-3] 키르히호프의 전압 법칙 실험 결과

	$V_a[V]$	$V_b[V]$	$I_1[mA]$	$I_2[mA]$	$I_3[mA]$	$V_1[V]$	$V_2[V]$	$V_3[V]$
측정값	9	12						
	12	9						
계산값	9	12						
	12	9						
상대오차	-	-						

5. 결과 해석

6. 참고 문헌

실험 02

배율기와 분류기

1 실험목적

직류 전압계와 직류 전류계의 측정 범위 확대를 위한 배율기와 분류기의 원리를 익힌다.

2 주요단어

배율기, 분류기

3 관련이론

(1) 배율기(multiplier)

직류 전압의 측정에는 가동 코일형 전압계가 가장 많이 사용되는데 이런 전압계의 측정 범위를 확대하는 데는 [그림 2-1]과 같이 전압계에 저항을 직렬로 접속한다. 이 때, 접속된 직렬 저항을 배율기 또는 배율 저항이라 한다.

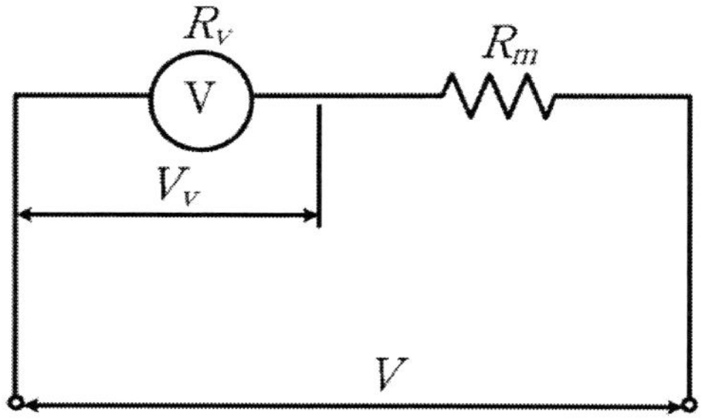

[그림 2-1] 배율기

전압계의 내부 저항을 Rv, 배율 저항을 Rm, 전체 인가 전압을 V라 할 때 전압계에 걸리는 전압을 Vv라 하면 V는

$$V = V_v + \frac{V_v}{R_v} \cdot R_m = \left(1 + \frac{R_m}{R_v}\right) V_v \, [V] \tag{1}$$

가 된다. 따라서, 전압계의 최대 지시 Vv의 1+(Rm/Rv)배가 됨을 알 수 있다. 즉, 배율을 m이라 하면

$$m = \frac{V}{V_v} = 1 + \frac{R_m}{R_v} \tag{2}$$

로서 배율 저항 Rm은

$$R_m = (m-1) R_v \, [\Omega] \tag{3}$$

이 된다.

(2) 분류기(shunt)

직류 전류의 측정 범위를 확대시키기 위해서는 [그림 2-2]와 같이 전류계에 병렬로 분류기(shunt)를 접속한다. [그림 2-2]에서 내부 저항 Ra인 전류계에 분류기의 저항 Rs를 접속하여 전류계에 흐르는 전류를 Ia라 하고, 분류 저항에 흐르는 전류를 IR이라 하면 전체전류 I는

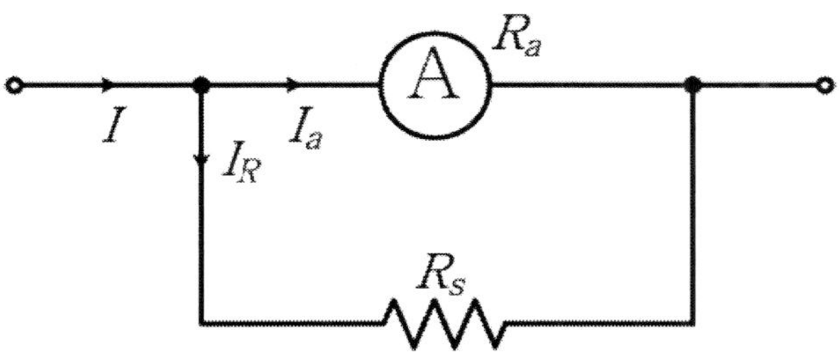

[그림 2-2] 분류기

$$I = \frac{R_s + R_a}{R_s} \cdot I_a = \left(1 + \frac{R_a}{R_s}\right) \cdot I_a \, [A] \tag{4}$$

이 된다.

따라서, 최대 지시 Ia인 전류계에 분류기 Rs를 접속함으로써 1+(Ra/Rs)배의 전류를 측정할 수 있다. 즉, 배율을 m이라 하면 식(4)에서

$$m = \frac{I}{I_a} = 1 + \frac{R_a}{R_s} \tag{5}$$

이므로, 분류 저항 Rs는

$$R_s = \frac{R_a}{m-1}[\Omega] \tag{6}$$

이 된다. 이와 같이 전류계의 측정 범위를 확대하기 위하여 전류계에 병렬로 접속하는 저항을 분류기 또는 분류 저항이라 한다. 또한, 측정 전류를 분류기에 흘리고 전압강하를 밀리볼트계 대신 전위차계를 사용하면 보다 정확한 측정을 할 수 있다.

전압강하는 전류의 크기와 관계없이 수[mV] 정도 되게 하기 때문에 전류가 클수록 손실은 증가한다. 따라서, 큰 전류일 경우에는 온도 상승을 방지하기 위해 방열판을 부착하여 열방산이 잘 되도록 해야 한다.

큰 전류용 분류기의 저항값은 작게 되므로 망가닌의 막대나 판의 단면적을 크게 하고 수를 증가시키며 양 끝에는 큰 구리뭉치를 부착하여 전류를 일정하게 분배시키도록 한다.

4 사용부품 및 장비

장비		DMM(Digital Multi-Meter) Bread Board Power Supply	
부품	가변저항	$25k\Omega$	1개
	저항	100Ω	1개
		200Ω	1개
		$100k\Omega$	1개
		$5k\Omega$	1개

5 실험방법

(1) 배율기(multiplier)

① 최대 눈금 0.5[V], 내부 저항 5[kΩ]의 전압계를 사용하여 10[V]까지 측정할 수 있는 전압계의 배율기 값을 계산한다.

[그림 2-3] 배율기 실험 회로

② [그림 2-3]과 같은 회로를 결선하여 ①에서 구한 배율기의 저항을 전압계와 직렬로 접속시켜 전압을 [표 2-1]과 같이 2V에서 2V 단위로 10V까지 변화해 가면서 전압계의 지시값을 측정한다. 이 때, 가변 전원 전압을 멀티미터로 측정한다.

③ 측정한 값을 [표 2-1]에 기록한다.

(2) 분류기(shunt)

① [그림 2-4]와 같이 회로를 결선한다. R_x는 $25k\Omega$ 가변저항을 사용한다.

② 가변저항을 조절하여 전류 I_a 가 0.2mA가 되도록 한다.

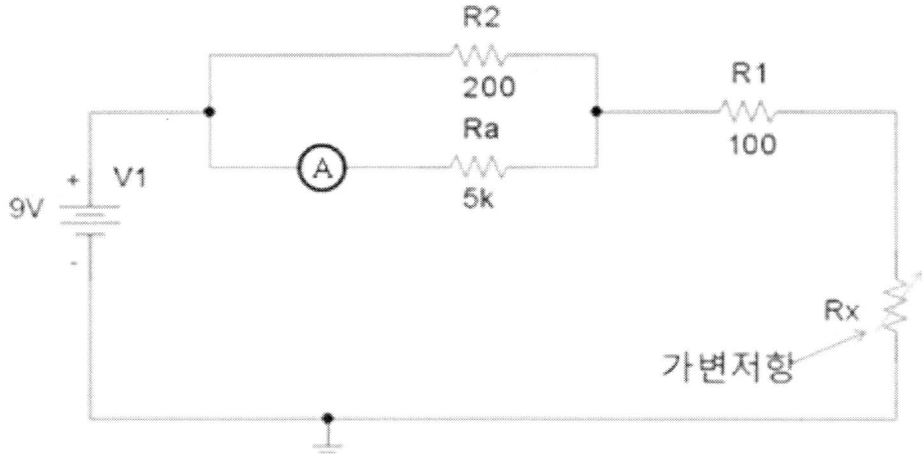

[그림 2-4] 분류기 실험 회로

③ I_a를 측정하고 배율을 계산하여 [표 2-2]에 기록한다.

④ 배율을 적용한 I값을 구하고 R_x를 측정하여 계산한 이론값과 비교한다.

⑤ 가변저항 R_x을 조절하여 0.1mA, 0.05mA, 0.02mA로 전류 I_a를 조절한 뒤 ③, ④ 과정을 반복하여 [표 2-2]를 완성한다.

실험 02

배율기와 분류기

학 과		학 년		조	
학 번		이 름		평 가	

1. 실험의 목적 및 배경(과거의 관련된 연구 결과 및 이론)

2. 본론 (실험에서 중요하다고 생각하는 것을 쓰고 논하시오)

3. 결과 예측 (p-spice 시뮬레이션 결과를 붙이고 해석하시오.)

4. 실험 결과

[표 2-1] 배율기 실험 결과

V[V]	V_v[V]	$R_m[\Omega]$	배율 측정값 $(\frac{V}{V_v})$	배율 계산값 $(1+\frac{R_m}{R_v})$	상대 오차
2					
4					
6					
8					
10					

[표 2-2] 분류기 실험 결과

I_a [mA]	I_a[mA] 측정값	배율 $(1+\frac{R_a}{R_s})$	I[mA] 배율값 (I_a측정값 ×배율)	R_x	I[mA] 이론값 (I_a × 배율)	상대 오차
0.2						
0.1						
0.05						
0.02						

5. 결과 해석

6. 참고 문헌

실험 03 휘스톤 브리지(Wheatstone bridge)

1 실험목적

휘스톤 브리지를 통해 평형상태를 이용한 정밀 측정 방법을 이해하고 휘스톤 브리지에 의한 저항 측정 방법을 실험한다.

2 주요단어

휘스톤 브리지

3 관련이론

(1) 휘스톤 브리지(Wheatstone bridge)

휘스톤 브리지(Wheatstone bridge)는 회로의 평형상태를 이용하여 정밀한 저항을 측정하기 위한 계측 방법에 이용되는 회로이다. [그림 7-1]과 같은 회로에서 만일 b점과 d점 사이에 전위차가 없으면, 전류계 Ⓐ 에는 전류가 흐르지 않는다. 이 때 브리지는 평형되었다고 하고, 평형 상태에서는 I_1은 a ➡ b ➡ c 로 흐르고, I_2는 a ➡ d ➡ c로 흐르며, b, d 사이에는 전위차가 없다. 이러한 평형상태를 이용하여 R_1, R_2, R_3의 값으로부터 미지의 저항 R_X값을 구할 수 있다. 이 원리는 다음과 같다.

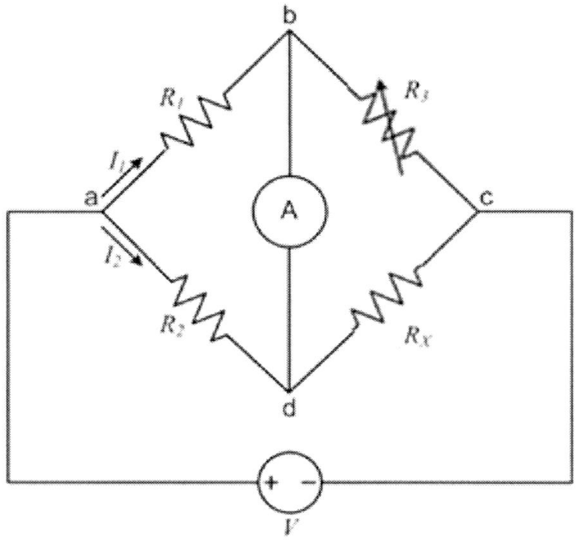

[그림 3-1] 휘스톤 브리지 회로

[그림 3-1]에서 R_3를 적절히 조절하여, b, d점 사이의 전위차가 "0"이 되었다고 가정하자. 즉, 전류계 Ⓐ가 나타내는 전류가 "0"이 되었다면, b, d점 사이의 전위차가 0이므로, 키로히호프의 전압 법칙에 의해서 다음의 식(1)이 성립하게 된다.

$$I_1 R_1 = I_2 R_2 \qquad (1)$$
$$I_1 R_3 = I_2 R_X$$

위의 식을 다시 쓰면,

$$\frac{I_1}{I_2} = \frac{R_2}{R_1}, \qquad \frac{I_1}{I_2} = \frac{R_X}{R_3} \qquad (2)$$

이므로,

$$\frac{R_2}{R_1} = \frac{R_X}{R_3} \text{ 또는 } R_X = \frac{R_2}{R_1} \cdot R_3 \qquad (3)$$

이 식을 이용하여 미지의 저항값 R_X를 구할 수 있다.

일반적으로 모든 계측기는 내부 저항을 갖고 있어서 정확한 저항값을 측정하기 어렵다. 하지만, 휘스톤 브리지는 회로가 평형 상태이므로 계측기인 전류계에 전류가 흐르지 않아 검류계가 내부 저항을 갖고 있어도 회로에 영향을 미치지 않는다. 따라서, 계측기 자체에서 발생하는 오차가 없으므로 저항값을 정밀하게 측정할 수 있다.

4 사용부품 및 장비

<table>
<tr><td colspan="2">장비</td><td colspan="2">DMM(Digital Multi-Meter)
Bread Board
Power Supply</td></tr>
<tr><td rowspan="4">부품</td><td rowspan="3">저항</td><td>$5k\Omega$</td><td>1개</td></tr>
<tr><td>$10k\Omega$</td><td>1개</td></tr>
<tr><td>미지의 저항</td><td>2개</td></tr>
<tr><td>가변저항</td><td>$10k\Omega$</td><td>1개</td></tr>
</table>

5 실험방법

① [그림 3-2]와 같이 회로를 구성한다.

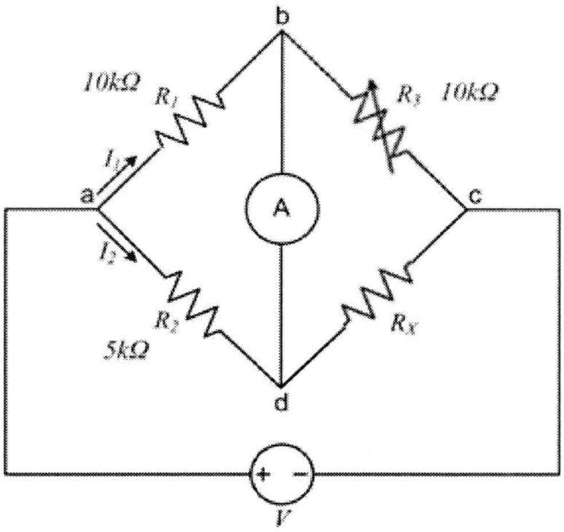

[그림 3-2] 휘스톤 브리지를 이용한 미지의 저항값(R_X) 측정

② DC Power Supply의 전원을 공급하고, 전류계가 0이 되도록 R_3를 조절한다.

③ 전원을 끄고, 회로에서 R_3의 저항을 빼내어서 측정한다.

④ 휘스톤 브리지 회로의 원리에 의해 R_X값을 계산하여 [표 3-1]에 기록한다.

실험 03 휘스톤 브리지(Wheatstone bridge)

학 과		학 년		조	
학 번		이 름		평 가	

1. 실험의 목적 및 배경(과거의 관련된 연구 결과 및 이론)

2. 본론 (실험에서 중요하다고 생각하는 것을 쓰고 논하시오)

3. 결과 예측 (p-spice 시뮬레이션 결과를 붙이고 해석하시오.)

4. 실험 결과

[표 3-1] 휘스톤 브리지에 의한 저항 측정 실험 결과

	측정값[Ω]			계산값[Ω]	R_X의 측정값[Ω]	상대 오차
	R_1	R_2	R_3	R_X		
1회						
2회						

5. 결과 해석

6. 참고 문헌

실험 04 중첩의 원리

1 실험목적

여러 개의 전원이 있는 선형회로 해석에 흔히 사용되는 중첩의 원리(principle of superposition)를 이용하여 회로의 전류 전압을 구하는 방법을 이해하며 실험을 통해서 확인한다.

2 주요단어

중첩의 원리

3 관련이론

복잡한 회로를 쉽게 해석하는 데 여러 가지의 방법들이 있다. 이 중 여러 개의 독립전원이 있고 소자들이 저항과 인덕터, 커패시터 등과 같은 선형 소자인 경우 중첩의 원리를 사용하면 회로의 전류나 전압을 쉽게 구할 수 있다. 중첩의 원리는 "여러 개의 독립전원이 있는 선형 회로(선형소자를 사용한 회로)에서 임의의 소자나 회로에 흐르는 전류, 전압은 독립전원이 각각 인가되었을 때의 전류 또는 전압의 합과 같다"는 것이다. 중첩의 원리를 회로 해석에 적용할 때 유의할 사항은 동작하지 않는다고 가정하는 전압원은 공급전압이 "0"이 되도록 단락(short)되었다고 가정하고, 동작하지 않는다고 가정하는 전류원은 공급전류가 "0"이 되도록 개방(open)되었다고 가정한다.

예를 들어, [그림 7-1(a)]와 같은 회로에서 R_1에 흐르는 전류 I를 중첩의 원리를 이용하여 구해보자. 우선 전압원 V_1만 인가된다고 가정할 때는 [그림 6-1(b)]와 같이 전압원 V_2가 단락되었다고 가정하고, 전압원 V_2만 인가된다고 가정할 때는 [그림 7-2(c)]와 같이 전압원 V_1이 단락되었다고 가정하고 해석한다.

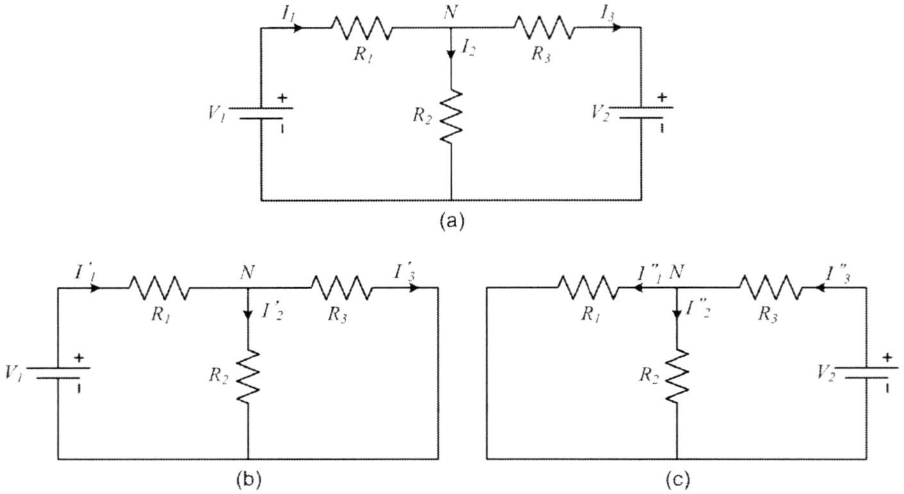

[그림 7-1] 중첩의 원리

[그림 7-1(a)]의 회로에서 [그림 7-1(b)]에서와 같이 V_2가 단락되었다고 가정하고 I'_1을 구하면,

$$I'_1 = \frac{V_1}{R_1 + \dfrac{R_2 R_3}{R_3 + R_2}} \tag{1}$$

이 때 I'_1은 전류분배에 의해 다시 다음과 같이 I'_2와 I'_3로 나누어진다.

$$I'_2 = \frac{R_3}{R_3 + R_2} \cdot I'_1 \tag{2}$$
$$I'_3 = I'_1 - I'_2$$

마찬가지로 [그림 7-1(c)]에서 V_1이 단락되었다고 가정하고 I''_1, I''_2, I''_3을 구하면, 중첩의 원리에 의해 I_1, I_2, I_3를 구할 수 있다.

$$\begin{aligned} I_1 &= I'_1 + I''_1 \\ I_2 &= I'_2 + I''_2 \\ I_3 &= I'_3 + I''_3 \end{aligned} \tag{3}$$

중첩의 원리를 이용하여 계산한 결과는 이미 키르히호프의 법칙을 이용해서 구한 결과와 일치된다는 것을 확인할 수 있다. 이와 같이 중첩의 원리를 이용하면 회로 해석을 단순화시켜서 해석할 수 있다는 장점이 있다. 특히, 키르히호프 법칙으로 문제를 해석하기 곤란한 경우에도 중첩의 원리가 유용하게 쓰일 수 있다.

중첩의 원리는 [그림 7-2]와 같이 전류원이 포함된 회로에서도 같은 방법으로 적용될 수 있다.

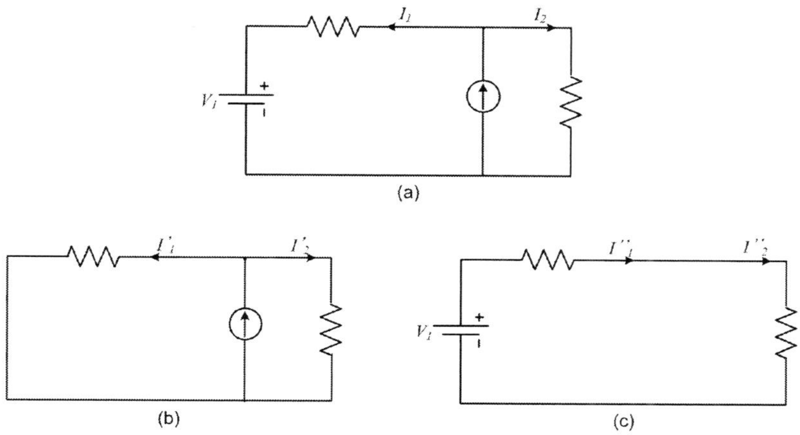

[그림 7-2] 중첩의 원리(전류원이 포함된 회로)

4 사용부품 및 장비

장비		DMM(Digital Multi-Meter) Bread Board Power Supply	
부품	저항	$100\Omega(1W)$	1개
		200Ω	1개
		$1k\Omega$	1개
		$2k\Omega$	1개
		$3k\Omega$	1개

5 실험방법

① [그림 7-3]과 같이 회로를 결선하고 전류 I_1, I_2, I_3. 를 측정하여 [표 6-1]에 기입하라.

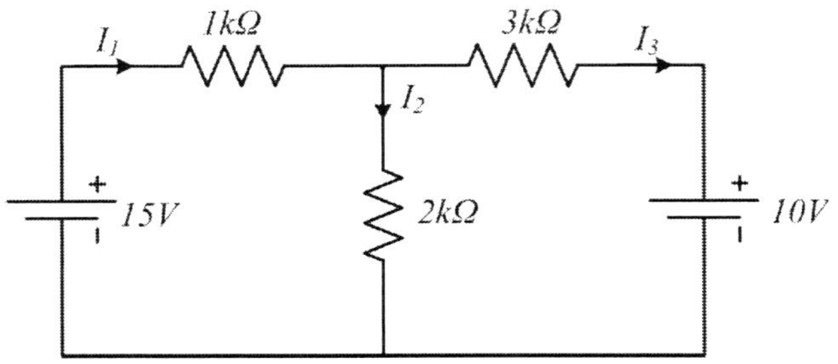

[그림 7-3] 중첩의 원리 실험 회로1

② [그림 7-4]와 같이 회로를 결선하고 전류 I'_1, I'_2, I'_3 를 측정하여 [표 7-1]에 기입하라.

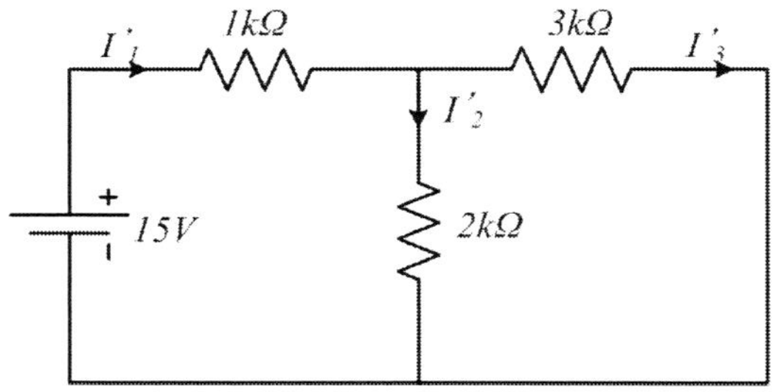

[그림 7-4] 중첩의 원리 실험 회로2

③ [그림 7-5]와 같이 회로를 결선하고 전류 I''_1, I''_2, I''_3 를 측정하여 [표 7-1]에 기입하라.

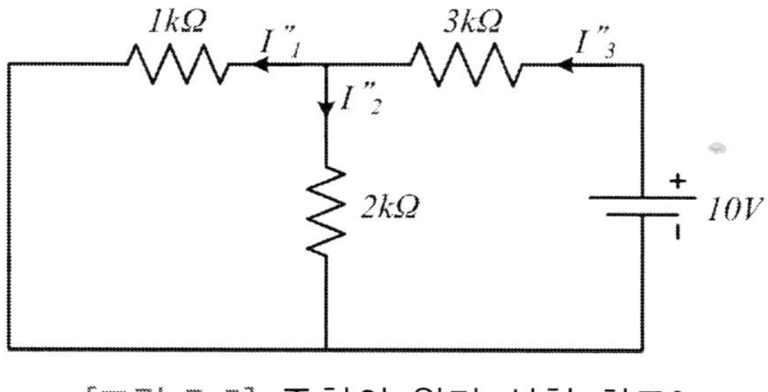

[그림 7-5] 중첩의 원리 실험 회로3

④ [표 7-1]의 결과로부터 I_1, I_2, I_3를 계산하여 [표 7-2]에 기입하고, 실측값과 비교하여 중첩의 원리가 성립됨을 확인하여라.

⑤ [그림 7-5]~[그림 7-7]의 회로에 대해서도 위와 같은 실험을 반복하여 측정결과를 [표 7-3]에 기입하여라. 회로에서 전류원이 있는데, DC Power Supply를 이용해서 전류원을 만들 수 있다. 전류원을 만드는 과정은 다음과 같다.

(1) DC Power Supply의 출력 전압을 최대로 하고, 전류 제한 조정용 채널을 최소로 한다.

(2) 출력 단자에 전류계의 극성을 맞추어 접속시키고, 전류 제한용 손잡이를 우측으로 조심스럽게 돌리면서 전류계의 지시계를 60mA로 맞춘다.

(※단, 일반적으로 DC Power Supply의 최대 출력 전압은 30V이므로, 이 전류원에 접속할 수 있는 최대 부하 저항은 500Ω 정도라는 것에 유의한다.)

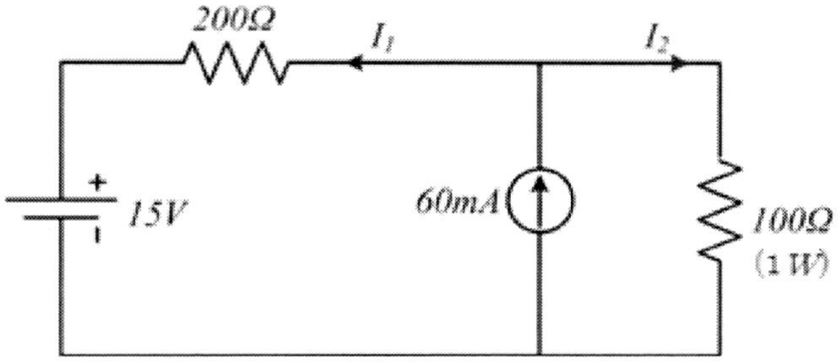

[그림 7-5] 중첩의 원리 실험 회로4

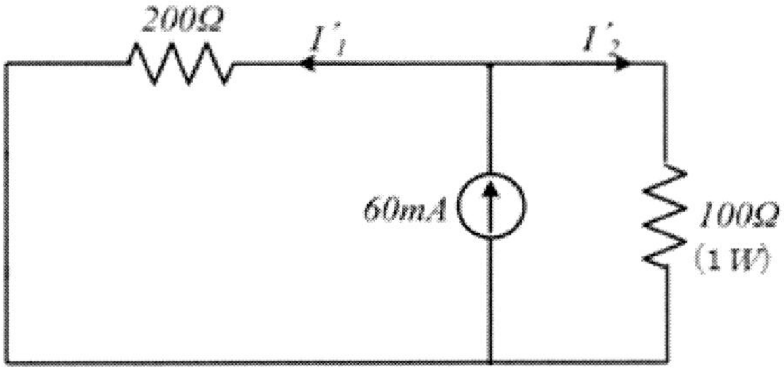

[그림 7-6] 중첩의 원리 실험 회로5

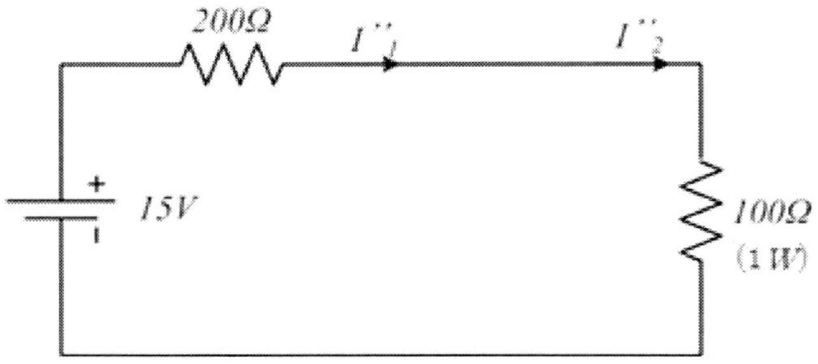

[그림 7-7] 중첩의 원리 실험 회로6

⑥ [표 7-3]의 결과로부터 I_1, I_2, I_3를 계산하여 [표 7-4]에 기입하고, 실측값과 비교하여 중첩의 원리가 성립됨을 확인하여라.

실험

04

중첩의 원리

학 과		학 년		조	
학 번		이 름		평 가	

1. 실험의 목적 및 배경(과거의 관련된 연구 결과 및 이론)

2. 본론 (실험에서 중요하다고 생각하는 것을 쓰고 논하시오)

3. 결과 예측 (p-spice 시뮬레이션 결과를 붙이고 해석하시오.)

4. 실험 결과

[표 7-1] 실험 결과 1

$I'_1[mA]$	$I'_2[mA]$	$I'_3[mA]$	$I''_1[mA]$	$I''_2[mA]$	$I''_3[mA]$	$I_1[mA]$	$I_2[mA]$	$I_3[mA]$

[표 7-2] 실험 결과 2

	$I_1[mA]$	$I_2[mA]$	$I_3[mA]$
계산치			
실측치			
상대 오차			

[표 7-3] 실험 결과 3

$I'_1[mA]$	$I'_2[mA]$	$I''_1[mA]$	$I''_2[mA]$	$I_1[mA]$	$I_2[mA]$

[표 7-4] 실험 결과 4

	$I_1[mA]$	$I_2[mA]$
계산치		
실측치		
상대 오차		

5. 결과 해석

6. 참고 문헌

실험 05 테브닌(Thevenin)의 정리

1 실험목적

복잡한 회로를 하나의 전원과 하나의 저항으로 구성된 등가회로로 표현해주는 방법 중에 Thevenin의 정리를 이해하고 실험을 통해 이를 확인한다.

2 주요단어

테브닌의 정리(Thevenin's theorem), 등가 전압(V_{th}), 등가 저항(R_{th})

3 관련이론

(1)테브닌(Thevenin)의 정리

[그림 8-1(a)]와 같이 전압원, 전류원 및 여러 개의 저항으로 구성된 복잡한 회로를 [그림 8-1(b)]와 같이 하나의 전압원과 저항으로 간단하게 표현할 수 있는데, 이를 테브닌(Thevenin)의 정리라고 한다. 본 교재에서는 등가 전압원을 테브닌(Thevenin)의 앞자를 따서 V_{th}라고 표현하고, 등가 저항을 R_{th}라고 표시한다. 다음의 [그림 8-1(b)]를 [그림 8-1(a)]의 테브난의 등가회로라고 한다.

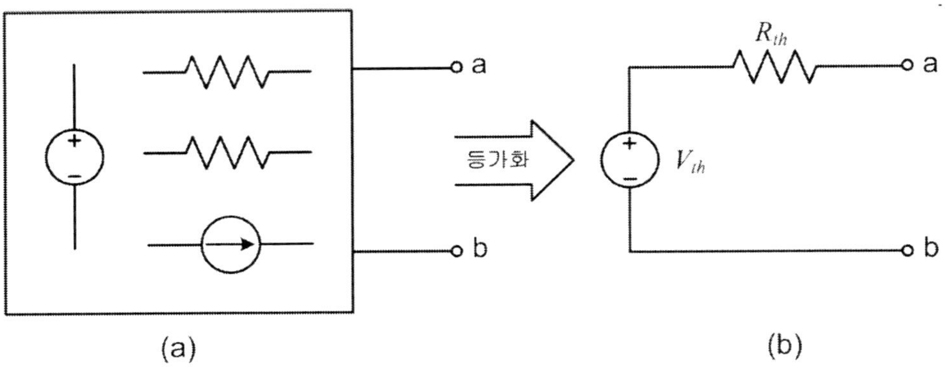

[그림 8-1] 테브난의 등가회로의 개략도

테브닌의 정리를 이용하여 복잡한 회로를 간단하게 나타내기 위해서는 우선 V_{th}와 R_{th}를 구하여야 한다. V_{th}는 a, b 단자 사이에서 바라본 a, b사이의 전압이며, R_{th}는 회로의 모든 전압원의 값을 0인 상태, 즉 단락 상태로, 모든 전류원의 값은 0인 상태, 즉 개방 상태로 가정하고 a, b 단자 쪽에서 본 저항 값이다.

다음의 [그림 8-2]을 예를 들어보자. [그림 8-2(a)]의 회로를 테브닌의 등가회로로 나타내기 위해 등가 전압 V_{th}을 구해야 한다. 여기서 V_{th}는 R_2 양단의 전압이다. 이유는, 이 그림의 경우 a,b 사이의 전압이나, R_2 양단의 전압이 같기 때문에 R_2 양단의 전압값으로 구하면 된다.

$$V_{th} = \frac{R_2}{R_1 + R_2} \cdot V \tag{1}$$

가 되고, 등가저항 R_{th}는 [그림 8-2(b)]와 같이 전압원 V를 단락시킨 후 a,b 단자에서 본 저항값이므로

$$R_{th} = R_3 + \frac{R_1 R_2}{R_1 + R_2} \tag{2}$$

이며, 테브닌의 등가회로는 [그림 8-2(c)]와 같이 나타낼 수 있다.

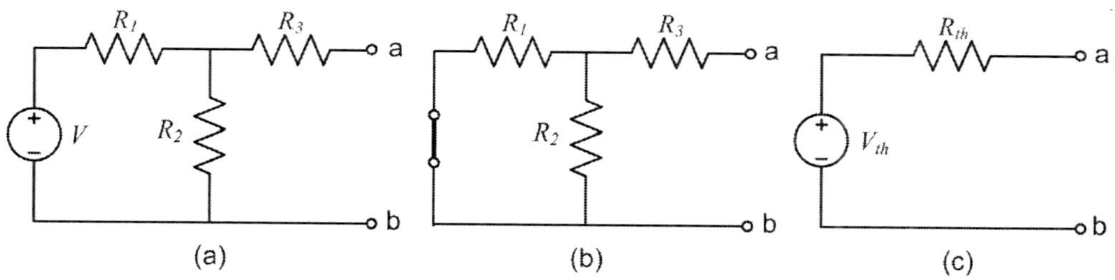

[그림 8-2] 테브닌의 등가 회로의 예

다음으로 테브닌의 등가회로로 변환한 회로의 a, b 양 단자 사이에 저항 R이 접속된 경우를 살펴보자.

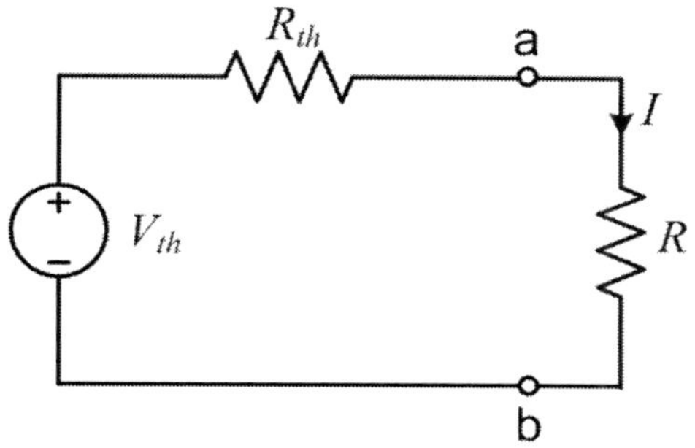

[그림 8-3] 테브닌의 등가회로 양 단자에 저항이 삽입된 경우

[그림 8-3]과 같이 a, b 양 단자에 저항 R이 삽입되었을 경우, 삽입된 저항 R에 흐르는 전류는, 식(3)에 의해 계산된다.

$$I = \frac{V_{th}}{R_{th} + R} \tag{3}$$

이와 같이 테브닌의 정리를 사용하여 회로망 속의 임의의 소자에 흐르는 전류를 구할 때 그 소자를 떼어내고, 양단의 전압과 임피던스만을 알면 그 소자에 흐르는 전류를 간단하게 구할 수 있다.

4 사용부품 및 장비

장비		DMM(Digital Multi-Meter) Bread Board Power Supply	
부품	저항	470Ω	1개
		680Ω	1개
		1$k\Omega$	3개
		2$k\Omega$	2개

5 실험방법

(1) [그림 8-4]과 같이 회로를 결선하고, a, b 양 단자의 전압을 측정하여 [표 8-1]에 기입하여라.

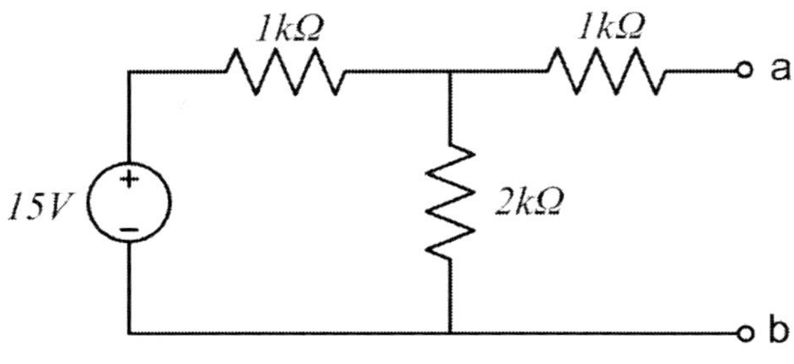

[그림 8-4] 테브닌의 등가 정리 실험 회로 1

(2) [그림 8-4]의 회로에서 15V 입력전압을 떼어낸 후 이 부분을 단락시키고, a, b 사이의 저항을 멀티미터로 측정하여 [표 8-1]에 기입하여라.

(3) [그림 8-5]의 회로 만든 후, [표 8-2]에서 지정한 각각의 저항 R을 [그림 8-5에 연결하여 [표 8-2]에 R에 흐르는 전류 I의 값을 기입한 후 식(3)에 의해 계산한 값과 비교하여라.

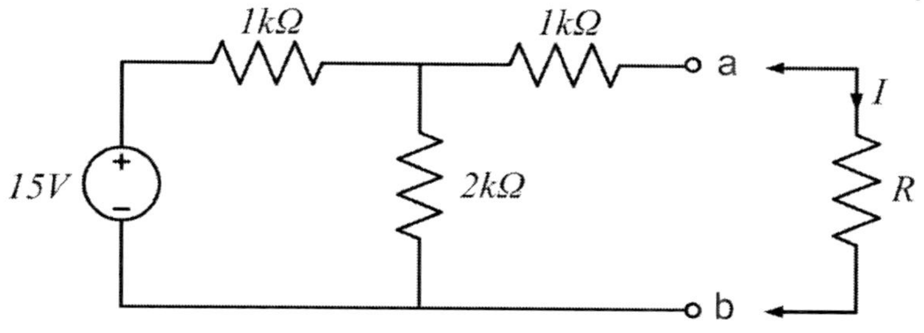

[그림 8-5] 테브닌의 등가 정리 실험 회로 2

(4) [표 8-2]의 결과로부터 테브닌의 정리가 성립하는지 확인하여라.

(5) [그림 8-4] 회로의 테브닌 등가회로를 그려보아라.

실험 05

테브닌(Thevenin)의 정리

학 과		학 년		조	
학 번		이 름		평 가	

1. 실험의 목적 및 배경(과거의 관련된 연구 결과 및 이론)

2. 본론 (실험에서 중요하다고 생각하는 것을 쓰고 논하시오)

3. 결과 예측 (p-spice 시뮬레이션 결과를 붙이고 해석하시오.)

4. 실험 결과

[표 8-1] 테브닌의 정리 실험 결과 1

	$V_{th}[V]$	$R_{th}[\Omega]$	$V_{th}[V]$	$R_{th}[\Omega]$
이론치$[mA]$				
측정치$[mA]$				
상대 오차				

[표 8-2] 테브닌의 정리 실험 결과 2

R	$470[\Omega]$	$680[\Omega]$	$1[k\Omega]$	$2[k\Omega]$
이론치$[mA]$				
측정치$[mA]$				
상대 오차				

5. 결과 해석

6. 참고 문헌

실험 06

노튼(Norton)의 정리

1 실험목적

복잡한 회로를 하나의 전원과 하나의 저항으로 구성된 등가회로로 표현해주는 방법 중에 Norton의 정리를 이해하고 실험을 통해 이를 확인한다.

2 주요단어

노튼의 정리(Norton's theorem), 전류원(I_N), 등가저항(R_N)

3 관련이론

(1) 노튼(Norton)의 정리

노튼의 정리도 테브닌의 정리와 마찬가지로 복잡한 회로를 단순화시키는데 사용된다. 단, 테브닌의 정리가 회로를 하나의 전압원과 등가저항으로 표현했던 데 반하여, 노튼의 정리는 회로를 하나의 전류원과 등가저항으로 표현한다. [그림 9-1]는 노튼의 정리를 개략적으로 나타낸다. 본 교재에서는 노튼의 등가 전류원을 노튼의 앞자를 따서 I_N이라 하고, 등가 저항을 R_N이라고 표시한다.

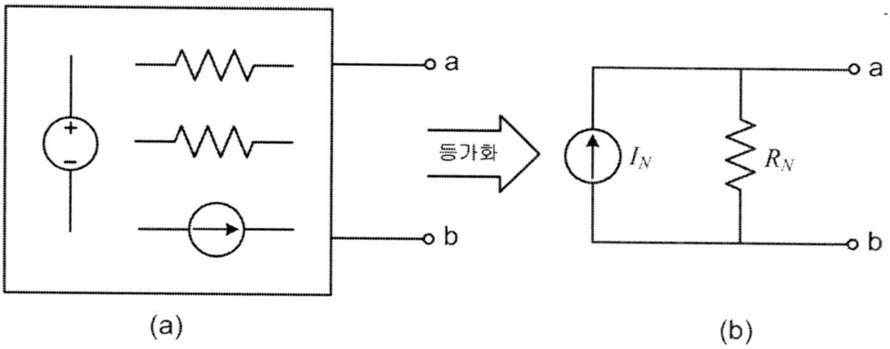

[그림 9-1] 노튼의 등가회로의 개략도

[그림 9-2(a)]의 회로로부터 노튼의 등가전류원과 저항을 구하여 보자. [그림 9-2(a)]에서 전류 I_N을 구하면,

$$I_N = \frac{V}{\frac{R_2 R_3}{R_2 + R_3} + R_1} \cdot \frac{R_2}{R_2 + R_3} = \frac{VR_2}{R_1 R_2 + R_2 R_3 + R_3 R_1} \tag{1}$$

이며, R_N은 테브닌의 등가저항과 동일하므로,

$$R_N = R_3 + \frac{R_1 R_2}{R_1 + R_2} \tag{2}$$

이 되고, 따라서 노튼의 등가회로는 [그림 9-2(d)]와 같이 표현된다.

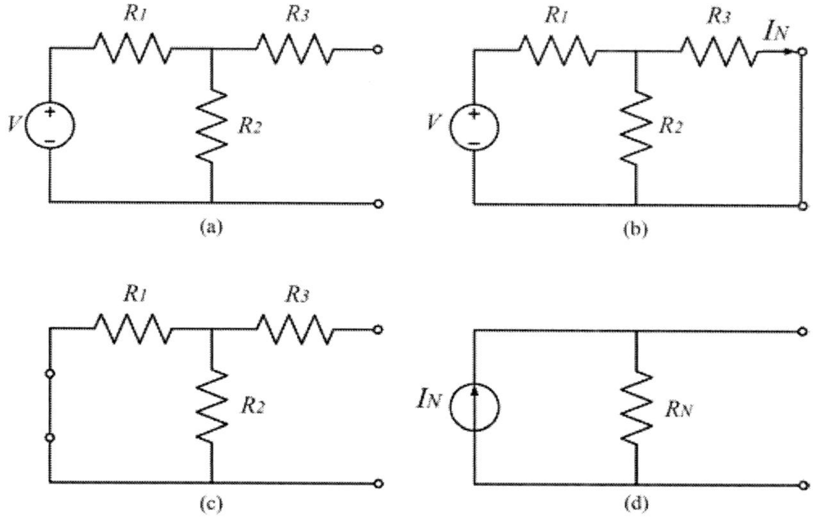

[그림 9-2] 노튼의 등가회로의 예

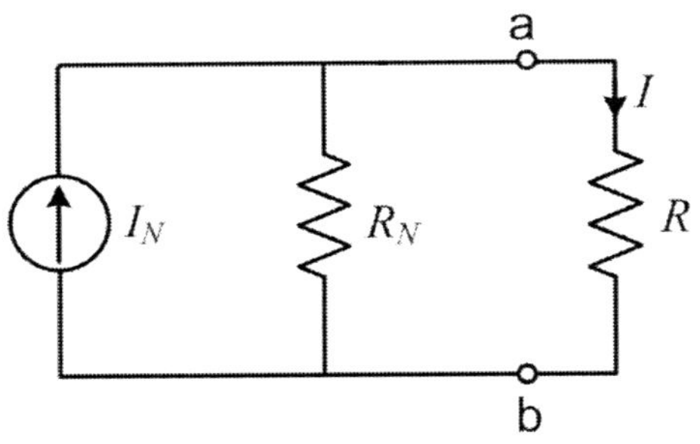

[그림 9-3] 노튼의 등가회로 양 단자에 저항이 삽입된 경우

여기서 [그림 9-3]에서와 같이 a, b 단자 사이에 저항 R이 삽입되었을 경우 삽입된 저항 R에 흐르는 전류를 계산하면, 식(3)이 된다.

$$I = \frac{R_N}{R_N + R} I_N \tag{3}$$

앞에서 살펴본 바와 같이 테브닌의 정리와 노튼의 정리는 서로 상대적 관계에 있으며, 앞으로 회로 해석에 있어 널리 사용될 것이니 확실하게 알아두는 것이 중요하다.

4 사용부품 및 장비

장비		DMM(Digital Multi-Meter) Bread Board Power Supply	
부품	저항	100Ω	2개
		200Ω	1개
		300Ω	1개
		470Ω	1개
		680Ω	1개
		$1k\Omega$	2개

5 실험방법

(1) [그림 9-4]과 같이 회로를 결선하고, a, b 양 단자 사이에 흐르는 전류를 측정하여 [표 9-1]에 기입하여라.

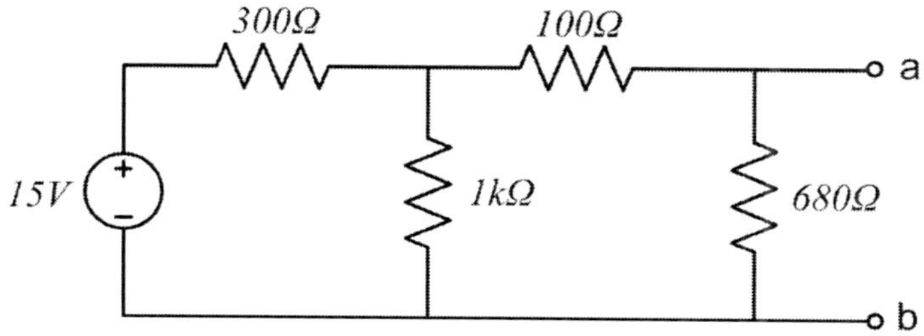

[그림 9-4] 노튼의 등가 정리 실험 회로 1

(2) [그림 9-4] 회로에서 전압원을 떼어낸 후 이 부분을 단락시키고, a,b 사이의 저항을 멀티미터로 측정하여 [표 9-1]에 기입하여라.

(3) 다시 [그림 9-4]의 회로로 복원시킨 후, [표 9-2]에서 지정한 각각의 저항 R을 [그림 9-5]와 같이 연결하고, [표 9-2]에 R에 흐르는 전류 I의 값을 기입한 후 식(3)에 의해 계산한 값과 비교하여라.

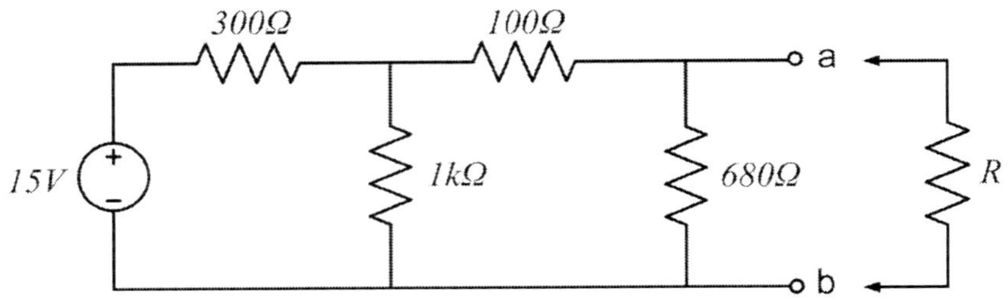

[그림 9-5] 노튼의 등가 정리 실험 회로 2

(4) [표 9-2]의 결과로부터 노튼의 정리가 성립하는지 확인하여라.

(5) [그림 9-4] 회로를 노튼의 등가회로로 그려보아라.

실험 06

노튼(Norton)의 정리

학 과		학 년		조	
학 번		이 름		평 가	

1. 실험의 목적 및 배경(과거의 관련된 연구 결과 및 이론)

2. 본론 (실험에서 중요하다고 생각하는 것을 쓰고 논하시오)

3. 결과 예측 (p-spice 시뮬레이션 결과를 붙이고 해석하시오.)

4. 실험 결과

[표 9-1] 노튼의 정리 실험 결과 1

	$I_N[mA]$	$R_N[\Omega]$	$I_N[mA]$	$R_N[\Omega]$
이론치$[mA]$				
측정치$[mA]$				
상대 오차				

[표 9-2] 노튼의 정리 실험 결과 2

R	$100[\Omega]$	$200[\Omega]$	$470[\Omega]$	$1[k\Omega]$
이론치$[mA]$				
측정치$[mA]$				
상대 오차				

5. 결과 해석

6. 참고 문헌

실험 07 커패시턴스의 측정

1 실험목적

커패시터(capacitor)의 전기적인 특성을 실험을 통해 검증해보고, 특성을 이해한다.

2 주요단어

커패시턴스(capacitance)

3 실험목적

(1)커패시터의 원리

커패시터(콘덴서라고도 함)란 전기를 축적하는 기능이 있으나, 일반적으로는 전기를 축적하는 기능 이외에 직류전류를 차단하고 교류전류를 통과시키려는 목적에도 사용된다. 회로도의 기호는 [그림 5-1]으로 표시한다.

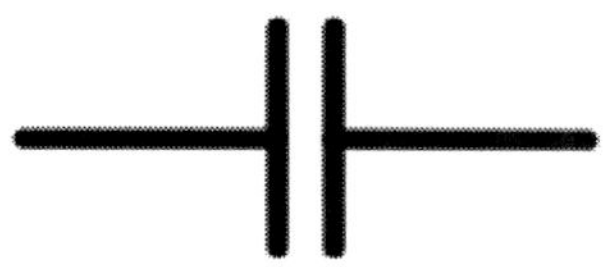

[그림 5-1] 커패시터의 표시

커패시터는 기본적으로는 2장의 전극판을 대향시킨 구조로 되어 있다.

여기에 직류전압을 걸면, 각 전극에 전하(電荷)라고 하는 전기가 축적되며, 축적하고 있는 도중에는 전류가 흐른다. 축적된 상태에서는 전류는 흐르지 않게 된다.

직류전압이 커패시터에 가해진 경우, 순간적으로 전류가 흐르지만, 후에는 흐르지 않기 때문에 직류를 통과시키지 않으려는(직류 커트) 용도에도 사용된다. 그러나, 교류의 경우에는 커패시터에 양쪽에 연결된 전선이 항상 교대로 바꾸어 접속하는 것과 같으므로 그 때마다 전류가 흐르게 되어, 교류전류는 흐르는 것이다.

(2) 커패시턴스의 전류·전압 특성

[그림 5-2 (a)] 와 같이 커패시턴스 C 만을 갖는 이상적인 커패시터에 $i = I_m \sin wt$로 표시 되는 정현파 전류가 유입될 때 전류 방향으로의 전압강하 v는

$$v = \frac{1}{C}\int i\,dt = \frac{1}{C}\int I_m \sin wt\,dt = -\frac{1}{wC} I_m \cos wt \tag{1}$$

$$= \frac{1}{wC} I_m \sin(wt - 90^\circ)$$

여기서 v의 최대치는 $\frac{1}{\omega C} I_m$ 이 된다. 즉,

$$V_m = \frac{1}{\omega C} I_m \tag{2}$$

이로부터 전압, 전류의 실효치 사이에는

$$V_m = \frac{1}{\omega C} I \quad \text{또는} \quad I = wCV = \frac{V}{1/wC} \tag{3}$$

와 같은 관계가 성립된다. 그림 [그림 5-2(b)]는 이때의 전압과 전류 사이의 관계를 보여 주고 있으며, 그 특징을 요약하면 다음과 같다.

○ 전압과 전류는 동일 주파수의 정현파이다.

○ 전압은 전류보다 위상이 90° 늦다.

○ 전압과 전류의 최대치 또는 실효치의 비는 $\frac{1}{wC}$ 이다.

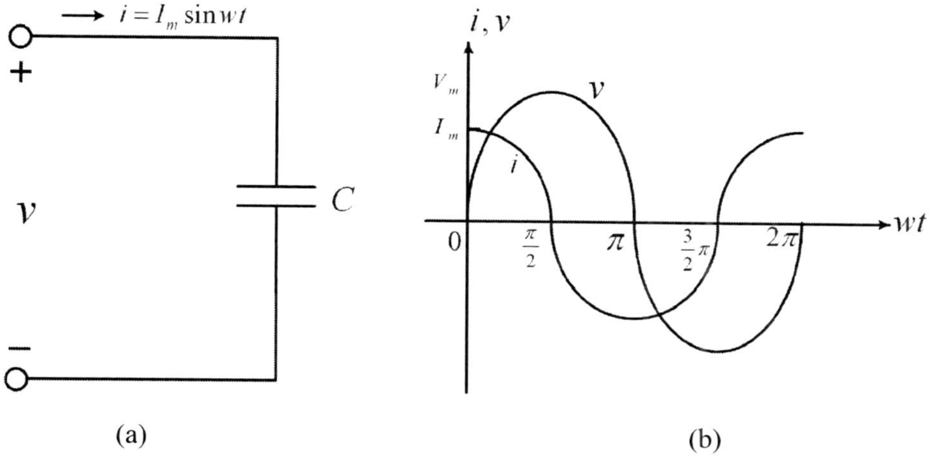

[그림 5-2] 인덕턴스 회로의 전압.전류 관계

커패시턴스 회로에 있어서 $\frac{1}{wC}$는 용량성 리액턴스(reactance)라 하여, X_C 로 표시되며 저항회로에서의 저항 R과 같이 역시 회로 전류를 제한하는 교류저항으로서의 역할을 하지만 인덕턴스와는 달리 전압이 전류보다 위상이 90° 뒤지게 하는 효과가 있으므로 유도성 리액턴스와 구별하기 위하여 통상 유도성 리액턴스 X_L의 l부호는 (+)으로, 용량성 리액턴스 X_C의 부호는 (-)로 한다.

$$X_C = -\frac{1}{\omega C} = -\frac{1}{2\pi f C}[\Omega] \tag{4}$$

따라서 식(1)과 (3)은 각각

$$v = |X_C| I_m \sin(wt - 90°) \tag{5}$$

$$V = |X_L| I \quad \text{또는} \quad I = \frac{V}{|X_C|} \tag{6}$$

와 같이 쓸 수 있으며, 이는 커패시턴스만의 교류 회로에서의 옴의 법칙이라 할 수 있다.

식 (4)에서 보는 것처럼 용량서 리액턴스는 커패시턴스 C와 주파수 f에 반비례하기 때문에 일정 전압에서 커패시턴스와 주파수가 클수록 $|X_C|$가 작아져서 회로 전류는 증가하게 된다.

결국, 주파수가 낮을수록 전류는 커패시터를 통하여 흐르기 어렵기 때문에 커패시터는 저주파의 신호전류가 흐르는 것을 억제하는 데 사용될 수 있다.

커패시터에는 직류가 통과할 수 없는데 그 이유는 다음과 같다. 정상상태의 직류회로에서는 커패시터 양단의 전위차가 일정하므로 $\frac{dv}{dt}=0$이 되고 따라서

$$i_C = C\frac{dv}{dt} = 0 \tag{7}$$

이 되어 커패시터는 직류가 흐르지 못하게 된다. 이는 직류를 주파수가 0인 교류로 간주해도 설명된다. 즉 $w = 2\pi f$에서 $f = 0$ 이라 하면

$$I = \frac{V}{|X_C|} = \frac{V}{1/\omega C} = \frac{V}{\infty} = 0$$

(2) 커패시터의 직/병렬연결

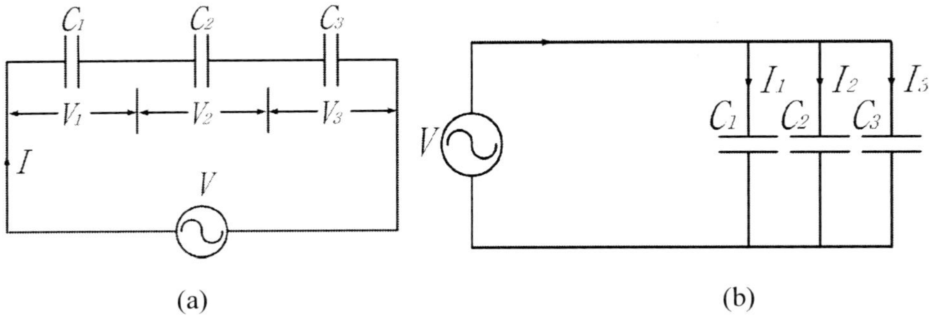

[그림 5-3] 커패시턴스 접속 회로

① 직렬연결

[그림 5-3(a)]에서와 같이 정전압 V 는

$$V = V_1 + V_2 + V_3\ [V] \tag{1}$$

여기서 $V_1 = \frac{Q_1}{C_1}$, $V_2 = \frac{Q_2}{C_2}$, $V_3 = \frac{Q_3}{C_3}$ 이고 $Q_1 = Q_2 = Q_3 = Q$ 이므로

$$V = \left(\frac{1}{C_1} + \frac{1}{C_2} + \frac{1}{C_3}\right)Q = \frac{1}{C}Q\ [V] \tag{2}$$

따라서, 직렬 합성 커패시턴스 C_S 는

$$\therefore \frac{1}{C_S} = \frac{1}{C_1} + \frac{1}{C_2} + \frac{1}{C_3} \tag{3}$$

로 된다. 또한, 각 전압 V_1 , V_2 , V_3 는

$$V_1 = \frac{C}{C_1} V \ , \ V_2 = \frac{C}{C_2} V \ , \ V_3 = \frac{C}{C_3} V \tag{4}$$

의 관계식이 성립된다.

② 병렬연결

[그림 5-3(b)]에서와 같이 정전류 I 는

$$I = I_1 + I_2 + I_3 \ [A] \tag{1}$$

이고, 여기서 $I = \frac{Q}{t}$ 이므로

$$Q = Q_1 + Q_2 + Q_3 \ [C] \tag{2}$$

로 된다. 또한 $Q = CV$, $Q_1 = C_1 V$, $Q_2 = C_2 V$, $Q_3 = C_3 V$ 의 관계를 대입하면

$$CV = (C_1 + C_2 + C_3) V \tag{3}$$

따라서, 병렬 커패시턴스 C_P 는

$$\therefore C_P = C_1 + C_2 + C_3 \ [F] \tag{4}$$

의 관계식이 성립된다.

4 사용부품 및 장비

장비		DMM(Digital Multi-Meter) Bread Board Function Generator Power Supply	
부품	저항	$10[\Omega]$	1개
	커패시터	$22[\mu F]$	1개
		$47[\mu F]$	1개

5 실험방법

(1) 커패시턴스 직렬 접속회로

① [그림 5-4]와 같이 회로를 구성한다.

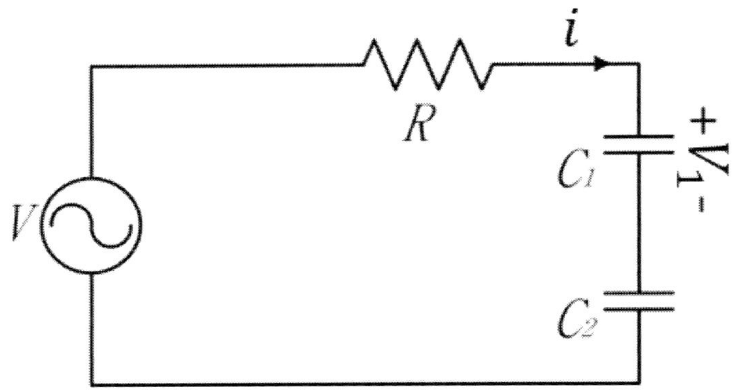

[그림 5-4] 직렬 접속회로

② 펑션 제너레이터의 주파수는 1[kHz], 출력전압 V_s는 3[V_{P-P}]로 맞춘다.

③ 커패시턴스 C_1에 22 $[\mu F]$, C_2에 47 $[\mu F]$을 넣고 전원을 공급한 다음 V, V_R, $V_{C1}(=V_1)$, V_{C2} 와 I을 측정 기록한다.

④ 실험결과로부터 합성 용량 리액턴스 X_C와 합성 커패시턴스 C_S를 계산한다.

⑤ [표 5-1]을 기록하고 [표 5-2]를 계산한다.

⑥ 주파수를 10에서 20까지 순차적으로 올리면서 $X_{C1}[\Omega]$의 값을 측정한 후 [표 5-3]에 기록하고 그래프를 작성한다.

(2)커패시턴스 병렬 접속회로

(1) [그림 5-5]와 같이 회로를 구성한다.

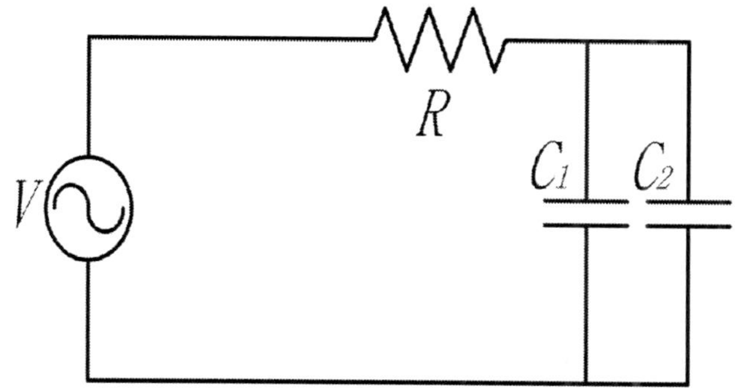

[그림 5-5] 병렬 접속회로

(2) 펑션 제너레이터의 주파수는 1[kHz], 출력전압 V_s는 3[V_{P-P}]로 맞춘다.

(3) 커패시턴스 $C_1 = 22\,[\mu F]$, $C_2 = 47\,[\mu F]$ 을 넣고 전원을 공급한 다음 V, V_R, V_C 와 I을 측정 기록한다.

(4) 전원을 제거하고, 정전용량을 방전시킨 후에 $C_1 = 2 \times 22\,[\mu F]$ 직렬, $C_2 = 2 \times 47\,[\mu F]$ 직렬로 접속하고 위와 같은 시험을 반복한다.

(5) 실험 결과로부터 합성 용량 리액턴스 X_C와 합성 커패시턴스 C_S를 계산한다.

(6) [표 5-4]을 기록하고 [표 5-5]를 계산한다.

실험 07 커패시턴스의 측정

학 과		학 년		조	
학 번		이 름		평 가	

1. 실험의 목적 및 배경(과거의 관련된 연구 결과 및 이론)

2. 본론 (실험에서 중요하다고 생각하는 것을 쓰고 논하시오)

3. 결과 예측 (p-spice 시뮬레이션 결과를 붙이고 해석하시오.)

4. 실험 결과

[표 5-1] 커패시턴스의 직렬 접속회로1

직렬접속 커패시턴스	전압 $[V]$				전류 $I\ [A]$	합성용량리액턴스 $X_C = \frac{V_C}{I}[\Omega]$	합성커패시턴스 $C_S = \frac{1}{\omega X_C}[\mu F]$
	V	V_R	V_{C1}	V_{C2}			
22~47 $[\mu F]$							

[표 5-2] 커패시턴스의 직렬 접속회로2

합성커패시턴스 (실험치)	합성커패시턴스 (이론치)	상대 오차

[표 5-3] 주파수에 따른 리액턴스 값 측정

$f[kHz]$	$V_{C1}[V]$	$I[mA]$	$X_{C1}[\Omega]$
10			
12			
14			
16			
18			
20			

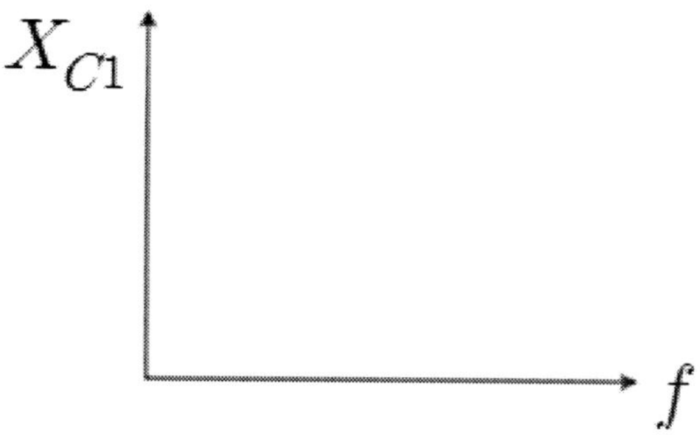

[표 5-4] 커패시턴스의 병렬 접속회로

병렬접속 커패시턴스	전압 $[V]$			전류 $I\ [A]$	합성용량리액턴스 $X_C = \frac{V_C}{I}[\Omega]$	합성커패시턴스 $C_P = \frac{1}{\omega X_C}[\mu F]$
	V	V_R	V_{C1}			
22~47 $[\mu F]$						

[표 5-5] 커패시턴스의 병렬 접속회로2

합성커패시턴스 (실험치)	합성커패시턴스 (이론치)	상대 오차

5. 결과 해석

6. 참고 문헌

실험 08 인덕턴스의 측정

1 실험목적

인덕터의 기본특성과 직/병렬 실험을 통해 전기적인 특성을 이해한다.

2 주요단어

인덕턴스, 합성임피던스

3 관련이론

(1) 인덕터(inductor)의 원리

인덕터는 [그림 6-1]와 같이 전선으로 감은 코일로 이루어졌다. 코일이 통과한 전류는 전자기장을 만든다.

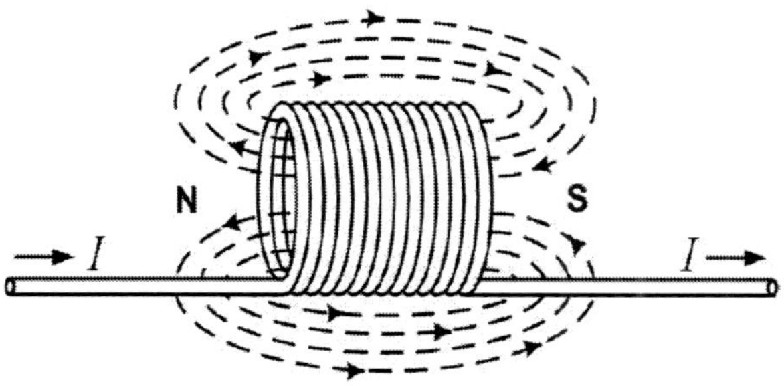

[그림 6-1] 인덕터의 원리

전류가 증가하면 전자기장이 증가하고 전류가 감소하면 전자기장도 감소한다. 또한, 변화하는 전자기장은 전류의 변화에 대해 반대 방향으로 코일 양단에 유도전압을 발생한다. 이 성질을 자기 인덕턴스라고 한다. 인덕턴스의 단위는 헨리(H)이고 1H란 인덕턴스는 시간당 1A의 비율로 변환되고 코일을 통해 흐르는 전류가 인덕터 양단에 1V 전압을 유도 했을 때의 인덕턴스를 의미한다.

(2) 인덕턴의 전류.전압 특성

[그림 6-2] (a)와 같이 $i = I_m \sin wt$의 정현파 전류가 인덕턴스 L만을 갖는 이상적인 인덕터에 흐를 때 전류의 방향으로 전압강하 v는

$$v = L\frac{di}{dt} = L\frac{d}{dt}(I_m \sin wt) = wLI_m \cos wt \tag{1}$$

$$= wLI_m \sin(wt + 90^\circ)$$

여기서 wLI_m은 바로 v의 최대치가 된다. 즉,

$$V_m = wLI_m \tag{2}$$

이로부터 전압, 전류의 실효치 사이의 관계를 알아보면,

$$V = wLI \quad \text{또는} \quad I = \frac{V}{wL} \tag{3}$$

가 성립된다.

[그림 6-2] (b)는 인덕턴스 회로에서 v, i의 관계를 보여주고 있으며, 그 특징을 요약하면 다음과 같다.

○ 전압과 전류는 동일 주파수의 정현파이다.

○ 전압은 전류보다 위상이 90° 앞선다.

○ 전압과 전류의 최대치 또는 실효치의 비는 wL이다.

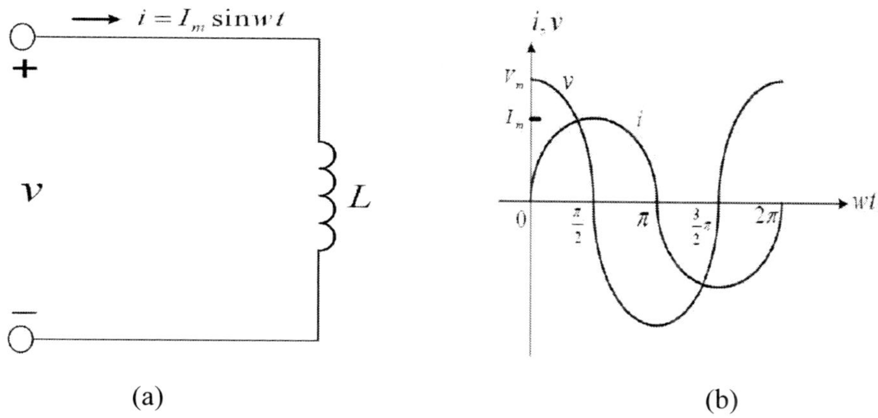

[그림 6-2] 인덕턴스 회로의 전압.전류 관계

인덕턴스회로를 저항회로의 경우와 비교하면 여기에서의 wL은 저항회로에서의 R과 같은 일종의 교류저항임을 알 수 있다. 그러므로 이것을 저항(resistance)과 유사한 개념을 갖는 리액턴스(reactance)라 하여 X_L로 표시하며 단위는 역시 옴[Ω]이 된다. 즉,

$$X_L = wL = 2\pi f L \tag{4}$$

따라서 식(1)과 (2)는 각각

$$v = X_L I_m \sin(wt + 90^\circ) \tag{5}$$

$$V = X_L I \quad \text{또는} \quad I = \frac{V}{X_L} \tag{6}$$

와 같이 쓸 수 있으며, 이는 인덕턴스만의 교류 회로에서의 옴의 법칙이라고 할 수 있다. wL은 보통의 저항(이를 순저항이라고도 한다)과는 달리 전압이 전류보다 위상이 90° 앞서게 하는 효과가 있으며 이를 특히 유도성리액턴스라 부른다.

관련문제

$L = 20[mH]$의 코일에 $v = \sqrt{2} \cdot 100\sin 100\pi t[V]$의 전압이 인가될 때 이 코일의 리액턴스, 전류의 최고치, 실효치 및 순시치를 구하여라.

풀이

리액턴스 : $X_L = 2\pi f L = wL = 100 \times \pi \times 40 \times 10^{-3} = 12.56[\Omega]$

전류 최대치 : $I_m = \dfrac{V_m}{X_L} = \dfrac{\sqrt{2} \cdot 100}{12.56} = 11.26[A]$

전류실효치 : $I = \dfrac{V}{X_L} = \dfrac{100}{12.56} = 7.96[A]$

임피던스에 의해 i는 v보다 위상이 $\pi/2$ 뒤지므로 전류의 순시치는

$$i = I_m \sin(100\pi t - \frac{\pi}{2})$$

(2) 인덕터의 직/병렬 연결

① 직렬연결

인덕터가 직렬로 연결되었을 때에는 총 인덕턴스가 증가된다. [그림 6-3]와 같이 인덕터가 직렬로 연결되었을 때, 총 인덕턴스는 L_0는 개별인덕턴스의 합이다.

$$L_0 = L_1 + L_2 + \ldots + L_n \quad (8)$$

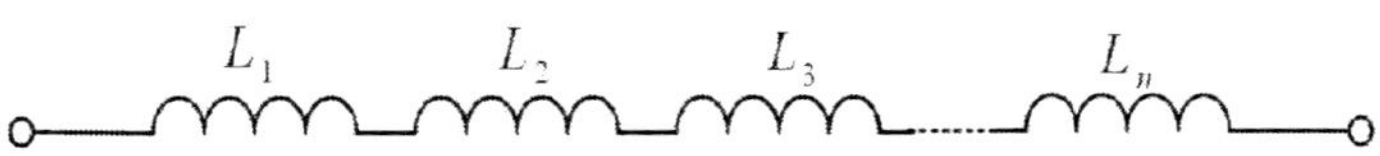

[그림 6-3] 인덕터 직렬연결

② 병렬연결

인덕터가 병렬로 연결될 때에는 총 임피던스가 감소된다. 총 임피던스L_0의 역수는 개별 임피던스 역수의 합과 같다.

$$\frac{1}{L_0}=\frac{1}{L_1}+\frac{1}{L_2}+\frac{1}{L_3}+\dots+\frac{1}{L_n} \tag{9}$$

$$L_0=\frac{1}{\frac{1}{L_1}+\frac{1}{L_2}+\frac{1}{L_3}+\dots+\frac{1}{L_n}} \tag{10}$$

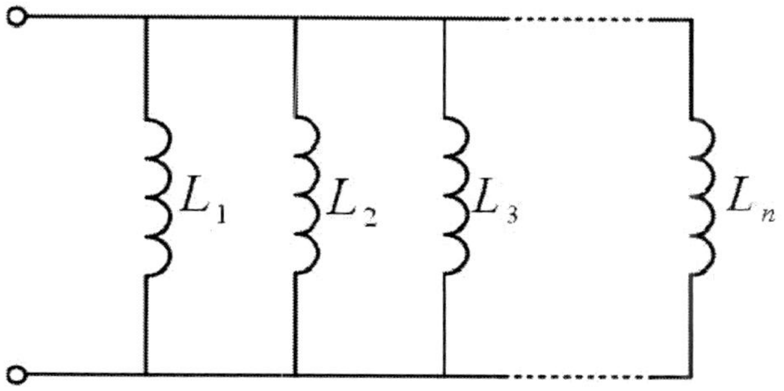

[그림 6-4] 인덕터 병렬연결

4 실험 부품 및 장비

<table>
<tr><td colspan="2">장비</td><td colspan="2">DMM(Digital Multi-Meter)
Oscilloscope
Function Generator
Bread Board
가변 실험 전원</td></tr>
<tr><td rowspan="2">부품</td><td>가변저항</td><td>5kΩ</td><td>1개</td></tr>
<tr><td>인덕터</td><td>33mH</td><td>2개</td></tr>
</table>

5 실험방법

(1) 인덕터의 직렬 접속 실험

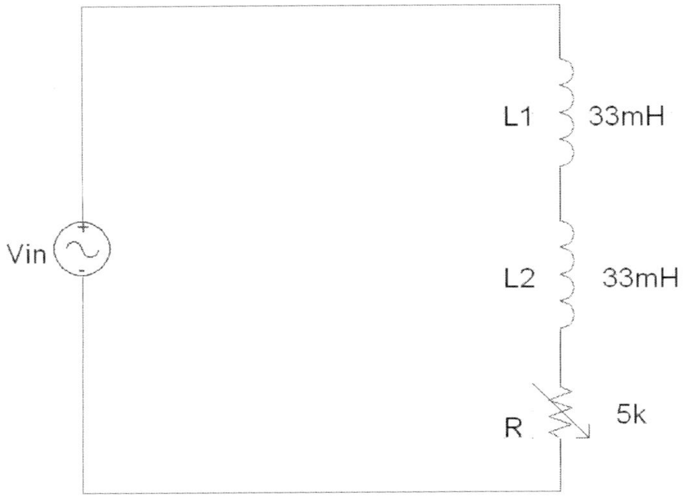

[그림 6-5] R-L 직렬회로

① [그림 6-5]의 회로를 구성한다.

② 오실로스코프의 양 채널을 가변저항 및 인덕터 양단에 각각 연결한다.

③ 펑션 제너레이터의 주파수는 1[kHz], 출력전압 V_s는 3[V_{P-P}]로 맞춘다.

④ 가변저항기를 좌우로 돌려 저항단의 전압과 코일단의 전압이 같아지는 점을 찾아서 그때의 가변저항 값을 측정하여 [표 6-1]에 기록한다.

☜ 저항기를 회로에서 떼어내어 측정할 것!

⑤ $R = wL = 2\pi f L$일 때 전압이 같아지므로 아래의 식을 이용하여 값을 계산하여 [표 6-2]에 기록한다.

⑥ 주파수를 10에서 20까지 순차적으로 올리면서 $X_{L1}[k\Omega]$의 값을 측정한 후 [표 6-3]에 기록하고 그래프를 작성한다.

(2) 인덕터의 병렬 접속 실험

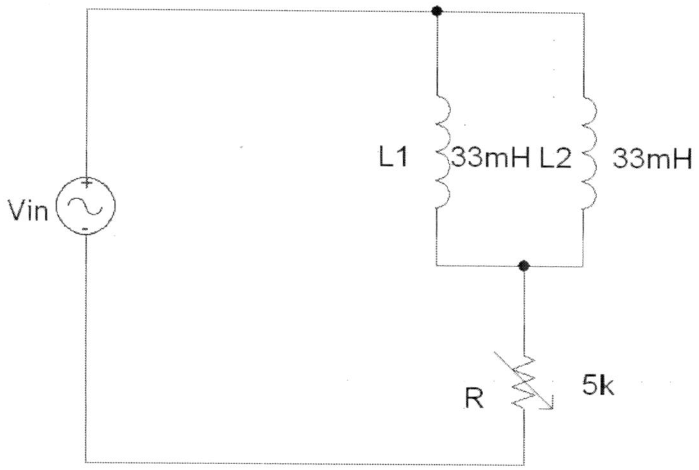

[그림 6-6] R-L 병렬회로

① [그림 6-6]의 회로를 구성한다.

② 오실로스코프의 양 채널을 가변저항 및 인덕터 양단에 각각 연결한다.

③ 펑션 제너레이터의 주파수는 1[kHz], 출력전압 V_s는 3[V_{P-P}]로 맞춘다.

④ 가변저항기를 좌우로 돌려 저항단의 전압과 코일단의 전압이 같아지는 점을 찾아서 그때의 가변저항값을 측정하여 [표 6-4]에 기록한다.

☜ 저항기를 회로에서 떼어내어 측정할 것!

⑤ $R = wL = 2\pi f L$일 때 전압이 같아지므로 아래의 식을 이용하여 값을 계산하여 [표 6-5]에 기록한다.

실험 08

인덕턴스의 측정

학 과		학 년		조	
학 번		이 름		평 가	

1. 실험의 목적 및 배경(과거의 관련된 연구 결과 및 이론)

2. 본론 (실험에서 중요하다고 생각하는 것을 쓰고 논하시오)

3. 결과 예측 (p-spice 시뮬레이션 결과를 붙이고 해석하시오.)

4. 실험 결과

[표 6-1] 인덕터의 직렬 접속회로

가변저항 값 $R[\Omega]$	저항 양단의 전압 $V_R[V_{P-P}]$	인덕터 양단의 전압 $V_L[V_{P-P}]$

[표 6-2] 인덕터의 직렬 접속회로2

합성 인덕턴스 $L=\frac{R}{2\pi f}$ (실험치)	합성 인덕턴스 (이론치)	상대 오차

[표 6-3] 주파수에 따른 리액턴스 값 측정

$f[kHz]$	$V_{L1}[V]$	$I[mA]$	$X_{L1}[\Omega]$
1			
2			
3			
4			
5			
6			

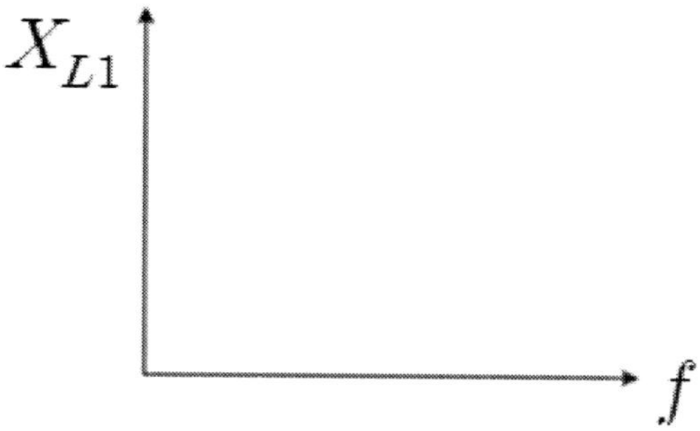

[표 6-4] 인덕터의 병렬 접속회로

가변저항값 $R[\Omega]$	저항 양단의 전압 $V_R[V_{P-P}]$	인덕터 양단의 전압 $V_L[V_{P-P}]$

[표 6-5] 인덕터의 병렬 접속회로2

합성 인덕턴스 $L=\frac{R}{2\pi f}$ (실험치)	합성 인덕턴스 (이론치)	상대 오차

5. 결과 해석

6. 참고 문헌

실험 09 RL과 RC 회로의 위상차와 임피던스

1 실험목적

교류회로에서의 위상차와 임피던스 개념을 이해한다.

위상차와 임피던스의 계산 방법을 배운다.

2 주요단어

위상차, 임피던스, 위상도

3 기초이론

(1) 위상차

위상(Phase)은 크기와 방향 두 가지 특성을 갖는 양으로 벡터와 같은 개념이다. 앞에서 인덕턴스와 커패시터는 전류와 전압 사이에 90°의 위상차를 발생시킴을 배웠다. 위상각은 위상도(phasor graph)를 이용하거나 공식을 이용하여 계산할 수 있다. 예를 들어, 1kΩ의 저항과 2200Ω의 X_C가 직렬로 결합한 회로에서, 위상각 계산은 아래와 같다.

$$\tan\theta = \frac{X_c}{R} = \frac{2200}{1000} = 2.2 \tag{1}$$

$$\theta = \tan^{-1} 2.2 = 65.6°$$

(2) 임피던스(impedance)

임피던스란 용어(일반적으로 Z로 표시)는 회로의 교류전류에 대한 총체적인 저항력을 의미한다. 인덕턴스와 커패시터는 교류전류가 인가되었을 때 각각 저항력을 발휘한다. 저항의 경우 교류와 직류에 상관없이 똑같은 저항력을 가진다. 이런 저항력은 교류회로에 있어 위상차를 일으키고, 또한 옴의 법칙의 영향을 받는다. 즉 교류회로에서 저항력이 있는 소자엔 전압강하가 생기고, 위상차가 생기게 된다. 만일, 위상차가 있는 회로의 전체 저항력을 구하고자 할 때, 단순히 저항력의 합으로 계산할 수 없고, 벡터의 개념을 이용해 계산해야 한다.

전체 저항력의 크기는 [그림 10-1]과 같이 X_L, X_C과 R의 벡터 합과 같고, 계산은 다음과 같다.

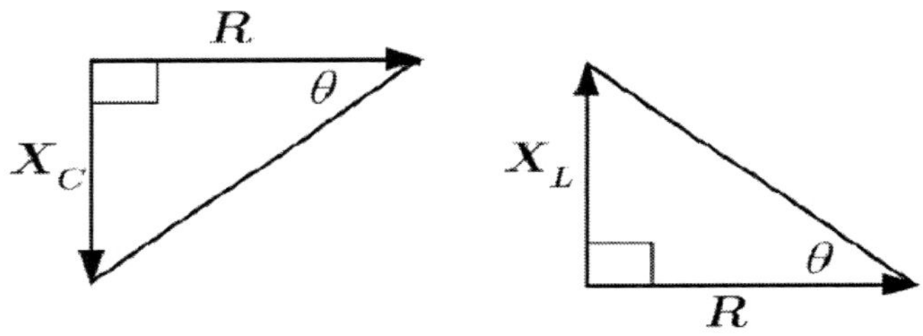

[그림 10-1] 위상각의 기하학적 의미

$$Z = \sqrt{R^2 + (X_L - X_C)^2} \tag{1}$$

(단, $X_L = 2\pi f L$, $X_C = \dfrac{1}{2\pi f C}$)

또는,

$$Z = \frac{V}{I} \quad \text{(교류 Ohm's law)} \tag{2}$$

(3) RL 직렬회로에서 공급전압과 전류 사이의 위상각

전류는 직렬회로의 어느 부분에서도 같기 때문에 전류 I 는 [그림 11-2]와 같은 RL 직렬회로에서 V_R, V_L 및 V사이의 위상 관계를 고찰하는데 기준위상으로 나타낸다. 저항과 전류와 전압은 동위상이다. 그러므로 [그림 11-2]에서 보여주는 바와 같이 양단의 전압 V_R의 위상은 전류 I 를 확장으로 그리면 된다. 인덕턴스의 전류는 인덕턴스의 양단 전압보다 90°뒤진다. 따라서 위상 V_L은 I 보다 90°앞섬을 알 수 있다.

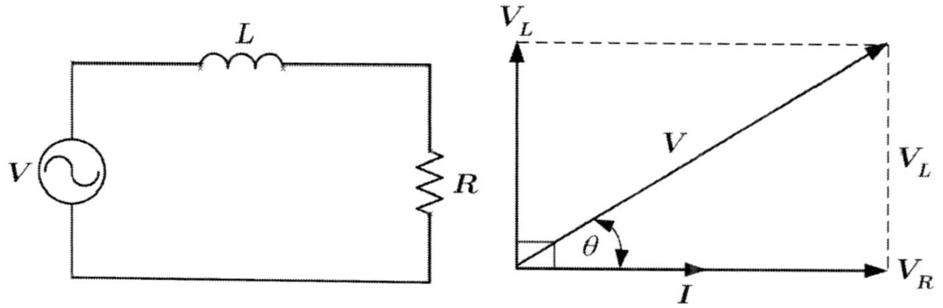

[그림 10-2] RL 직렬회로에서 V_R, V_L 및 V사이의 위상 관계

(4) RC 직렬회로에서 공급전압과 전류 사이의 위상각

직렬회로에서 전류 I 는 회로의 모든 부분에서 일치한다. 그러므로 [그림 10-3]의 직렬회로에서 V_C와 V_R사이의 위상 관계를 실험할 때 전류가 기준위상으로 이용된다. 저항에서의 전압과 전류는 동위상이므로 전압 V_R의 위상은 [그림 10-3]와 같다. 그리고 위상 V_C는 전류 I 보다 90° 뒤지게 나타난다. V_R과 V_C는 [그림 10-3]의 직렬 RC 전압 분배기의 R 과 C 의 양단의 전압이다. RL 회로의 경우와 같이 공급전압 V는 V_R과 V_C의 위상 합으로 이를 [그림 10-3]에 나타낸 것이다. 또한 V는 V_R과 V_C의 직각좌표계의 빗변이라는 것을 알 수 있다. 이를 피타고라스 정리에 적용하면

$$V = \sqrt{V_R^2 + V_C^2} \tag{3}$$

이다. 또한, 그림 [10-3]은 RC 직렬회로의 전류 I 와 공급전압 V사이의 위상 관계를 나타낸 것으로 전류 I 는 전압 V보다 각 θ만큼 앞서고 있음을 볼 수 있다.

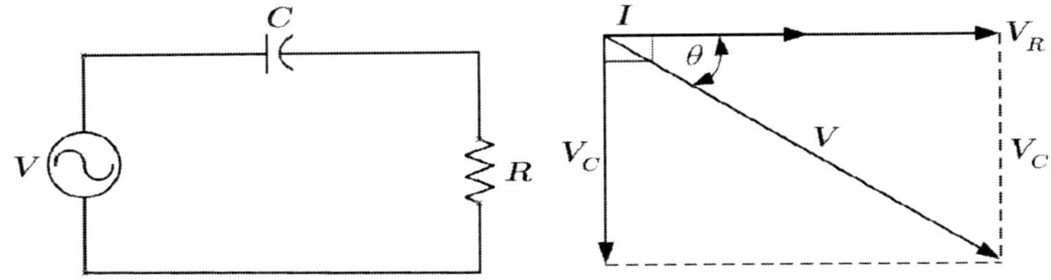

[그림 10-3] RC 직렬회로의 전류 I 와 공급전압 V사이의 위상 관계

4 실험부품 및 장비

장비		DMM(Digital Multi-Meter) Oscilloscope Function Generator Bread Board 가변 실험 전원	
부품	저항	1kΩ 1/4W	1개
	커패시터	0.1㎌	
	인덕터	33mH	1개

5 실험방법

(1) R-L 직렬회로

① [그림 10-4]와 같이 회로를 꾸며라. 또한, 함수 발생기의 출력을 10kHz 10Vp-p로 조정하여라.

※ **주의** : 모든 계측 단위는 동일하게 유지해야 한다. 예를 들어 함수 발생기의 출력은 실효값(rms) 값이 아니라 피크-피크(p-p) 값이다. 멀티 미터의 전압계는 실효 값을 가리킨다. 오실로스코프를 이용할 땐 피크값인지 피크-피크 값인지 확실히 해야 한다. 계측 단위가 측정할 때마다 바뀌어서는 절대 안 된다.

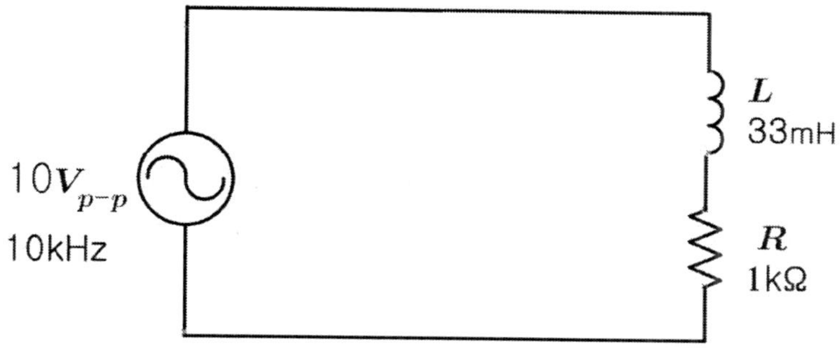

[그림 10-4] 실험 회로1

② 주파수를 2kHz 단위로 20kHz까지 상승시켜 임피던스 Z를 구하고 [표10-1]에 기록하여라. 또한 Z의 변화를 그래프로 나타내어라.

③ 10kHz에 대한 임피던스 Z를 구한 후 합성공식에 의한 계산된 값과 비교하여라. 동시에 V_{in}, V_R, V_L을 측정하여 $V=\sqrt{V_R^2+V_L^2}$ 에 의해 계산된 값과 측정값 V_{in}과의 관계를 확인하여 [표 10-1]에 작성하여라.

④ 오실로스코프의 V_R과 V_{in} 사이의 위상차 θ를 측정하여 그래프에 나타낸다. 그리고 이 측정값과 $\tan\theta = X_L/R$ 의 계산 값과 비교하여라.

(2) $R-C$ 직렬회로

① [그림 10-5]와 같이 회로를 꾸며라. 또한, 함수 발생기의 출력을 1kHz 10Vp-p로 조정하여라.

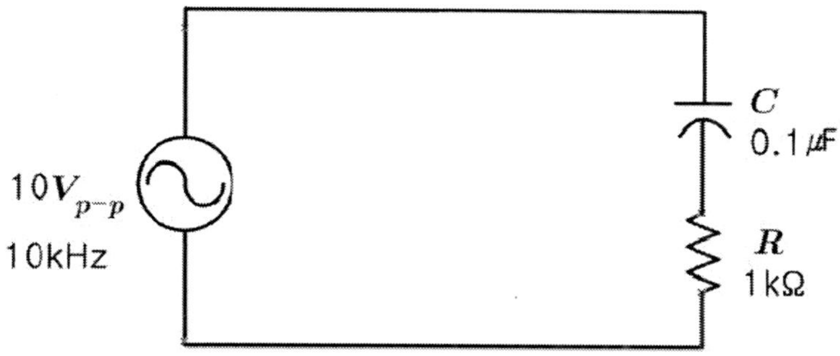

[그림 10-5] 실험 회로2

② 주파수를 2kHz 단위로 20kHz까지 상승시켜 임피던스 Z를 구하고 X_C의 변화를 그래프로 나타내어라.

③ 10kHz에 대한 임피던스 Z를 구한 후 합성공식에 의한 값과 비교하여라. 동시에 V_{in}, V_R, V_L을 측정하여 $V = \sqrt{V_R^2 + V_C^2}$ 에 의해 계산된 값과 측정값 V_{in}과의 관계를 확인하여 [표 10-2]에 작성하라.

④ 오실로스코프의 V_R과 V_{in} 사이의 위상차 θ를 측정하여 그래프에 나타낸다. 그리고 이 측정값과 $\tan\theta = X_C/R$ 의 계산값과 비교하여라.

실험 09

RL과 RC 회로의 위상차와 임피던스

학 과		학 년		조	
학 번		이 름		평 가	

1. 실험의 목적 및 배경(과거의 관련된 연구 결과 및 이론)

2. 본론 (실험에서 중요하다고 생각하는 것을 쓰고 논하시오)

3. 실험 결과

(1) R-L 직렬회로

[표 10-1]

$f[kHz]$	$V[V]$	$I[mA]$	$Z[k\Omega]$
10			
12			
14			
16			
18			
20			

[표 10-2]

$I[mA]$	$V[V]$	$Z[k\Omega]$	$V_R[V]$	$V_L[V]$	$\sqrt{V_R^2+V_L^2}\,[V]$

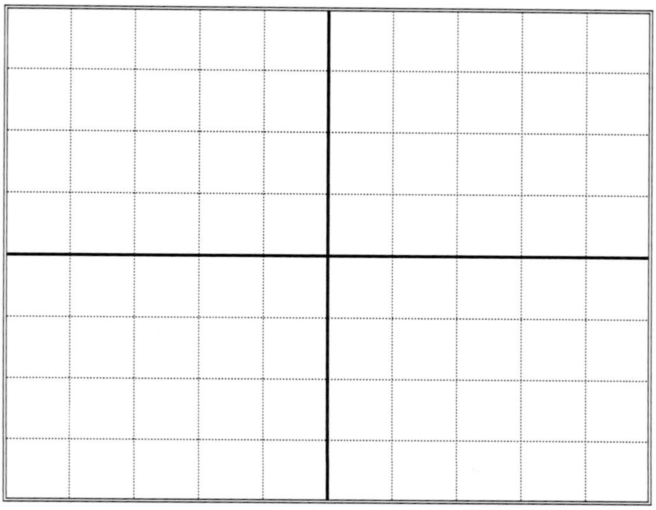

_________ v/div

_________ s/div

< V_R과 V_{in}의 오실로스코프 그래프>

(2) R-C 직렬회로

[표 10-3]

$f[kHz]$	$V[V]$	$I[mA]$	$Z[k\Omega]$
10			
12			
14			
16			
18			
20			

[표 10-4]

$I[mA]$	$V[V]$	$Z[k\Omega]$	$V_R[V]$	$V_L[V]$	$\sqrt{V_R^2+V_L^2}[V]$

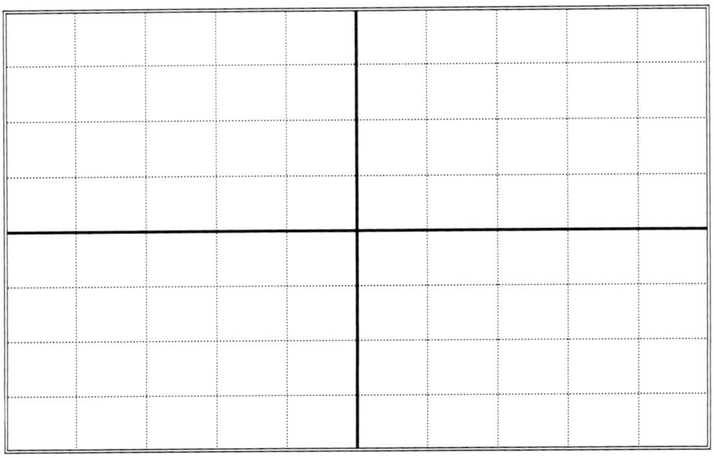

______ v/div

______ s/div

< V_R과 V_{in}의 오실로스코프 그래프>

4. 결과 해석

5. 참고 문헌

실험 10

교류회로의 전력

1 실험목적

교류회로에서 전력을 측정한다.

교류회로에서 유효전력과 피상전력의 차이를 배운다.

2 주요단어

피상전력, 유효전력, 실효전력

3 기초이론

(1) 교류전력의 소비

직류 저항 회로의 전력 소모는 전류와 공급전압의 곱, $W = V \times I$ 로 정의한다. 또한 W 는 $W = I^2R = V^2/R$의 공식을 이용하여 계산할 수 있다. 물론 V 와 I 는 변하는 값이 아니라 일정하게 유지되는 값이다. 교류전력과 직류전력 계산이 다른 점은 전류의 크기가 연속적으로 변화되며 위상이 같거나 혹은 다르기 때문이고, 또 다른 이유는 교류회로가 저항 성분과 리액턴스 성분을 동시에 포함한다는 것이다. 여기서, 리액턴스 성분은 직류회로에서와 같이 교류회로의 에너지를 소모하지 않고, 전력의 한 주기에서 전원으로 환원한다.

교류회로에서 소모된 전체 에너지는 저항 성분과 관련이 있고, 리액턴스와는 전혀 관련이 없다.

(2) 피상전력(apparent power)

피상전력 W_A는 교류회로의 입력 전력을 의미한다. 피상전력은 직류회로와 같이 $W_A = V \times I$로 정의된다. 이런 이유로 W_A는 VoltAmpere(VA)로 표현된다. 보통 전기기기에서 VA 단위로 정격이 표시된 것을 쉽게 볼 수 있을 것이다. 그러나, 전기기기의 전력 소모는 피상전력 W_A가 아니라 유효전력 W_T(true power)에 의해 소모된다.

(3) 유효전력과 역률(power factor)

저항 성분과 리액턴스 성분 중에서 저항소자에 의해 소모된 전력을 유효전력(true power)으로 정의한다. 저항 성분과 리액턴스 성분을 포함하는 회로에서 유효전력은 피상전력의 일부분이다. 교류회로는 저항 성분과 리액턴스 성분을 모두 가지고 있기 때문에 유효전력은 피상전력에 0과 1 사이의 계수를 곱한 값이며, 이 계수를 역률(power factor)이라 한다. 실제적으로, 역률은 피상전력에 대한 유효전력의 비가 된다.

그러므로,

$$PF = \frac{W_T}{W_A} \tag{1}$$

이고,

$$W_T = W_A \times PF = V \times I \times PF \tag{2}$$

이며, V 와 I 값은 rms 값이다.

또, 역률은 $\cos\theta$로 표시할 수 있고, 여기서 θ 는 교류회로의 전압과 전류 사이의 위상각이다. 그러므로 역률은 0과 1사이의 값을 가지며, 리액턴스와 저항성분에 의존한다. 유효전력의 정의는 아래와 같다.

$$W_T = V \times I \times \cos\theta \tag{3}$$

이 공식으로부터, $\theta = 0$일 때 $\cos\theta = 1$이며 유효전력은 $W_T = V \times I$로 계산된다. 이 조건은 V 와 I 의 위상차가 없는 순수한 저항 성분 일 때이다. 이 조건으로부터 순수 저항 성분으로 된 회로에서 유효전력과 피상전력은 같다는 것을 알 수 있다. 리액턴스 성분이 포함된 회로에서는 유효전력이 피상전력보다 항상 작다. 왜냐하면, 위상차 θ 가 항상 0보다 크기 때문이다. 이런 이유로, 이 경우 역률은 1보다 작다. 교류회로에서 피상전력과 유효전력이 같을 때 가장 효율적이다. 전력 회사에서는 발전소와 수용가 사이의 전력 수송에 있어 역률이 1에 가깝도록 노력하는 이유가 이 때문이다.

리액턴스 회로에서 전류와 전압의 위상차에 의해 θ 가 정의되었다. 또한, 역률은 $\cos\theta$로 정의되었다. 직렬회로에서 역률을 아래와 같이 계산할 수 있다.

$$PF = \cos\theta = \frac{R}{Z} = \frac{V_R}{V} \tag{4}$$

여기서, R : 저항성분(Ω)

Z : 임피던스

V_R : 저항 양단의 전압

V : 입력전압

아래의 회로에 유효전력을 계산하면

[그림 11-1] 직렬 교류회로

$$W_T = I^2 \times R = \frac{V_R^{\ 2}}{R} \tag{5}$$

교류전력 계산에 두 가지 방법의 예를 설명한다. 위의 회로에서 $X_L = 2000, R = 250\Omega$ 이고 $V = 100$이라 하자. 유효전력 W_T와 피상전력 W_A, 역률 PF, 위상차 θ를 계산하면,

방법 1

$W_A = V \times I$

$I = \dfrac{V}{Z}$

$Z = \sqrt{R^2 + X_L^2}$
$\quad = \sqrt{250^2 + 2000^2} = 2015.56\Omega$

$I = \dfrac{100}{2015.56} = 0.0496A$

$W_A = 100 \times 0.0496 = 4.96\,W$

$W_T = I^2 R = 0.615\,W$

$PF = \cos\theta = \dfrac{W_T}{W_A} = \dfrac{0.615}{4.96} = 0.1239$

$\theta = \cos^{-1} 0.1239 = 82.88°$

방법 2

$I = \dfrac{V}{Z}$

$Z = 2015.56\Omega$(방법 1과 같이 구함)

$I = \dfrac{100}{2015.56} = 0.0496A$(방법 1과 같이 구함)

$W_A = V \times I = 100 \times 0.0496 = 4.96\,W$

$PF = \cos\theta = \dfrac{R}{Z} = \dfrac{250}{2015.56} = 0.1240$

$W_T = W_A \times PF = 4.96 \times 0.1240 = 0.615\,W$

$\theta = \cos^{-1} 0.1240 = 82.87°$

(4) 교류 전력의 측정

① Voltampere 방법

교류회로에서 전력 측정은 전류와 전압을 측정하면, 이미 나와 있는 공식을 가지고 쉽게 구할 수 있다. 위상각은 오실로스코프가 있으면 직접 구할 수 있다.

② 전력계를 이용하는 방법

W_T는 전력계를 이용하면 직접 측정할 수 있다. 전력계를 사용함으로써, 모든 복잡한 계산과정이 생략된다. 전력계는 두 부분의 코일로 구성되어있다. 첫 번째 코일은 전류를 측정하기 위해 직렬로 연결되어 있고, 나머지 코일은 전압을 측정하기 위해 병렬로 연결되어 있다. 두 개의 코일에서 발생하는 자기장의 상호작용으로 시침이 움직인다. 전력계 사용할 때 반드시 영점조정을 하고, 전력계의 눈금이 유효전력을 가리킴에 유의하여라.

4 실험부품 및 장비

장비		DMM(Digital Multi-Meter) Oscilloscope Function Generator Bread Board 슬라이닥스	
부품	인덕터	30mH	1개
	저항	15Ω	1개

5 실험방법

① [그림 11-1]과 같이 회로를 결선하여라.

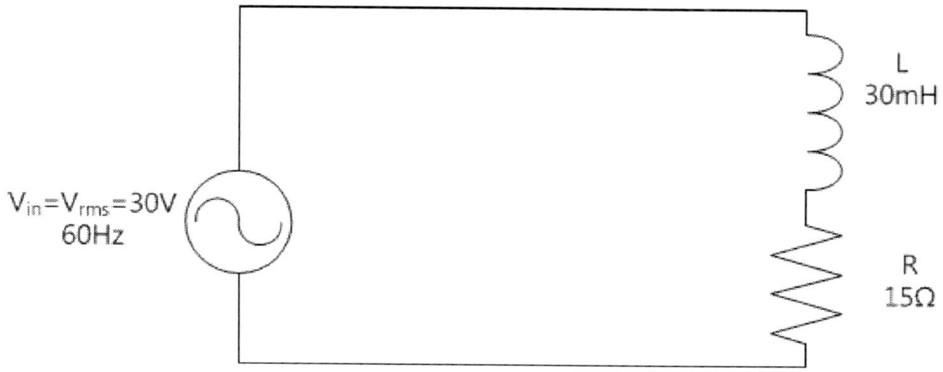

[그림 11-1] 직렬 교류회로

② 슬라이닥스의 출력을 30Vrms로 전압을 조정하여라.

③ 저항 양단의 전압 V_R과 입력 전원 V_{in}를 측정하여 [표 11-1]에 작성하여라.

④ 회로에 흐르는 전류를 측정하여 [표 11-1]에 작성하여라.

⑤ 측정한 값을 이용하여 피상전력 W_A를 계산하여 [표 11-1]에 작성하여라.

⑥ 측정한 값을 이용하여 유효전력 W_T를 계산하여 [표 11-1]에 작성하여라.

⑦ 역률의 계산하고 위상각 θ를 계산하여 [표 11-2]에 작성하여라.

⑧ 오실로스코프를 이용하여 전류와 전압의 위상차를 측정하고 [표 11-2]에 작성한 후 계산한 값과 비교하여라.

실험 10 교류회로의 전력

학 과		학 년		조	
학 번		이 름		평 가	

1. 실험의 목적 및 배경(과거의 관련된 연구 결과 및 이론)

2. 본론 (실험에서 중요하다고 생각하는 것을 쓰고 논하시오)

3. 결과 예측 (p-spice 시뮬레이션 결과를 붙이고 해석하시오.)

4. 실험 결과

[표 11-1]

V_R	V_{in}	I	W_A	W_T

[표 11-2]

역률 (Power Factor)	위상각 θ (계산값)	위상각 θ (측정값)	위상각의 상대 오차

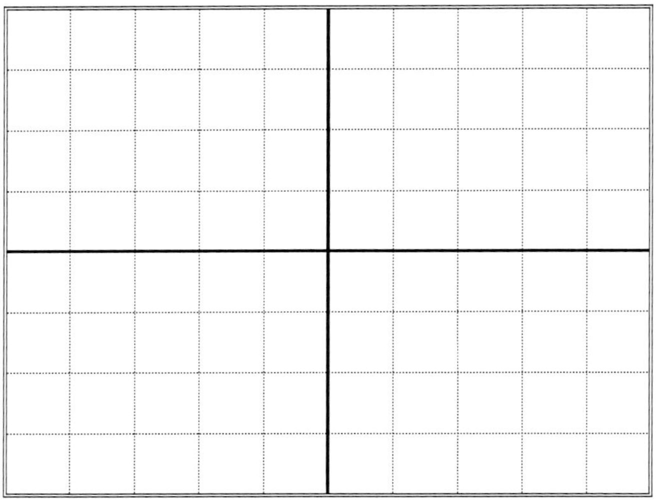

________ v/div

________ s/div

5. 결과 해석

6. 연구 고찰

① 계산한 위상차와 오실로스코프로 측정한 위상차를 비교해 보고 모순점이 있으면 이를 설명하라.

② 측정한 유효전력 W_T의 측정값과 계산 값을 비교하여 차이점을 설명하라.

7. 참고 문헌

실험 11

R-L-C 직렬공진회로와 병렬공진회로

1 실험목적

전기계에서 공진 현상에 대한 기본개념을 이해한다.

R-L-C 직렬공진회로의 특성을 실험적으로 파악한다.

R-L-C 병렬공진회로의 특성을 실험적으로 파악한다.

2 주요단어

R-L-C 직렬공진, R-L-C 병렬공진

3 기초이론

(1) 공진 및 공진회로

어떤 물체에 주기적인 힘을 외부에서 가할 경우 그 힘의 주기가 물체가 진동하는 주기(물체의 고유주기)와 일치하게 되면 작은 힘으로도 큰 진동을 일으킬 수 있다는 것은 통상 경험해 본 일이다. 예를 들어 외나무 다리를 건널 때 다리의 상하 진동에 보조를 맞추어 걸으면 순식간에 큰 진동을 느낄 수 있는 것과 같다. 이와 같은 현상을 공진(resonance)이라 하며, 이러한 현상은 전기계에도 존재한다.

[그림 12-1]과 같이 일정 전압 V_0의 정현파 전원이 인가된 R-C, R-L 회로에서는 주파수 f의 값을 변화시킬 때 R양단의 전압 V(또는 R을 통과하는 전류)는 단조롭게 증가

또는 감소할 뿐이지만 [그림 12-1(c)]와 같은 R-L-C 회로에서는 전압 V는 극대점을 가지며, 회로가 좀 더 복잡한 경우는 몇 개의 극대 또는 극소점을 갖게 된다.

이 경우 리액턴스 소자(L 또는 C)에 직렬로 접속되어 있는 저항 R이 작을수록(또는 병렬로 접속되어 있는 경우 R이 클수록) 주파수와 소자의 변화에 대한 전압 또는 전류의 변화는 급격하게 된다.

이와 같이 회로 중 어느 부분의 전압 또는 전류가 특정 주파수 부근에서 급격히 변하는 현상을 전기계에서는 공진 현상이라 하며, 이러한 회로를 공진회로라 한다.

(2) 직렬공진

가장 간단하고 기본적인 공진회로로서 인덕턴스 L을 갖는 코일과 정전용량 C를 갖는 커패시터의 직렬회로를 생각해 볼 때 코일은 인덕턴스 L이외에 약간이긴 하지만 저항 성분 R을 가지고 있기 때문에 실제는 그림 [12-1(c)]와 같은 R-L-C 직렬회로로서 취급하는 것이 타당하다. 또 커패시터도 실제로는 저항 성분을 갖지만, 코일에 비해 등가적인 직렬 저항 성분이 매우 작기 때문에 무시되는 수가 많다.

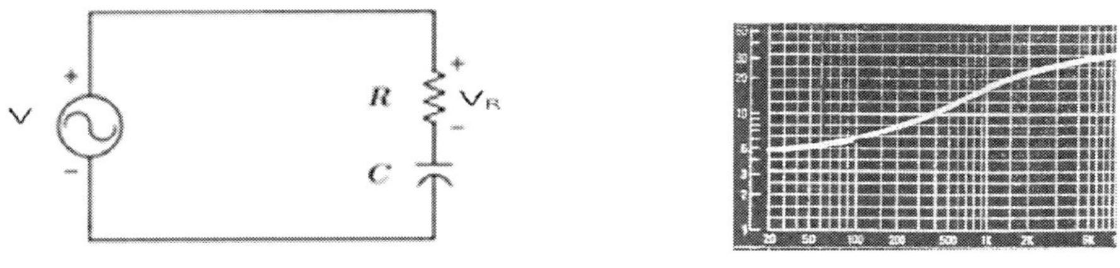

(a)

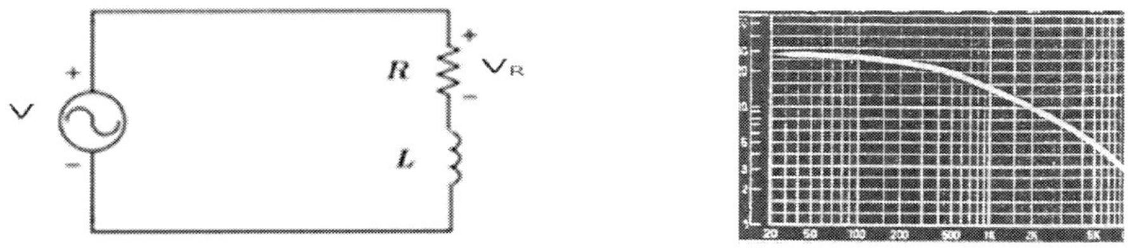

(b)

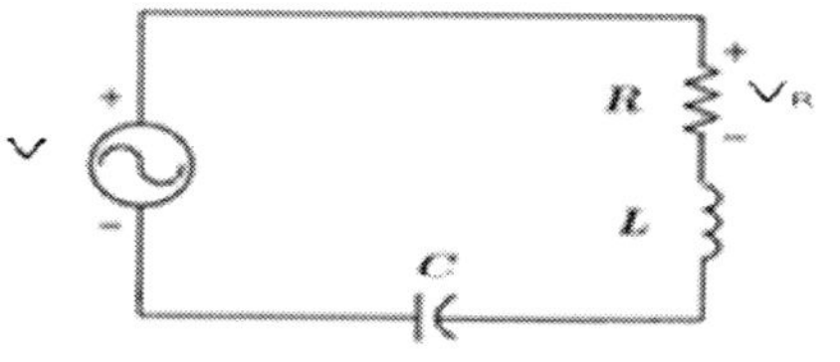

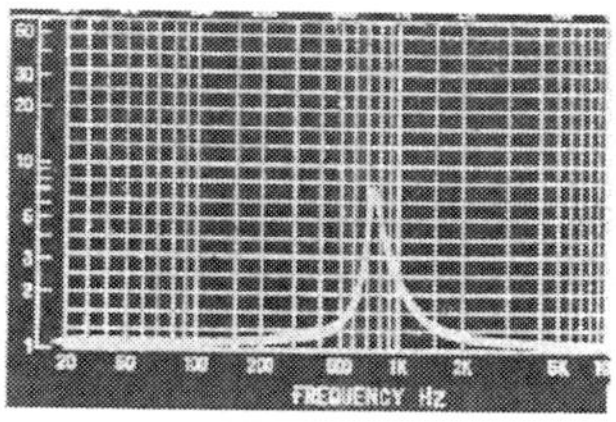

(c)

[그림 12-1] R-C, R-L회로와 공진회로의 비교

[그림 12-1(c)]의 직렬공진회로에 일정 크기의 교류전압 $\dot{V}$를 인가한 후 주파수를 변화시키면서 전류 $\dot{I}$의 변화를 살펴보기로 한다.

$$\dot{V} = \dot{V_R} + \dot{V_L} + \dot{V_C} = [R + j(\omega L - \frac{1}{\omega C})]\dot{I} = (R + jX)\dot{I} \tag{1}$$

로부터 회로 전류의 크기 I 및 위상각 θ는 각각

$$I = \frac{V}{\sqrt{R^2 + (\omega L - \frac{1}{\omega C})^2}} \tag{2}$$

$$\theta = \tan^{-1}\frac{\omega L - \frac{1}{\omega C}}{R} \tag{3}$$

이 된다. 그러므로 주파수가 변하여

$$\omega L = \frac{1}{\omega C} \tag{4}$$

인 상태가 되면 $\dot{V}$ 와 $\dot{I}$ 는 동상이 되면서 전류는 최대가 된다.

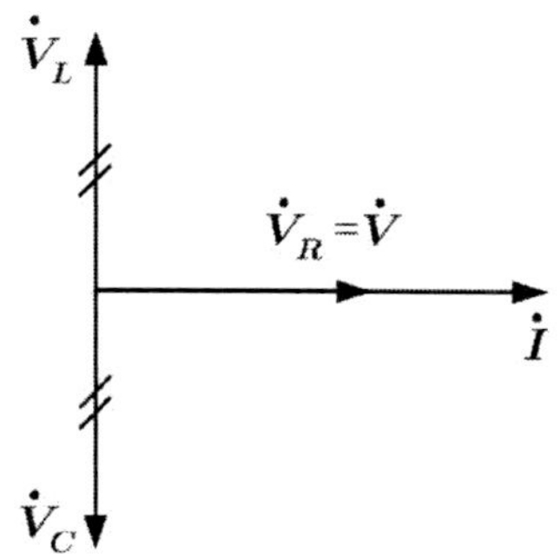

[그림 12-2] $X = 0(\omega L = \frac{1}{\omega C})$인 때의 위상도

결국, 일반적인 의미의 직렬공진이란 [그림 12-2]와 같이 회로의 리액턴스 성분이 0이 되어 전압 $\dot{V}$ 와 전류 $\dot{I}$ 가 동상이 되고 그 결과 회로 임피던스가 최소로 됨으로써 회로전류가 최대로 되는 상태라 할 수 있다.

[그림 12-3]은 R-L-C 직렬회로에서 전원의 각 주파수 ω를 변화시킬 때 회로 리액턴스의 변화를 나타낸 것이다. 낮은 주파수에서 용량성 리액턴스의 값이 우세하므로, $X < 0$이 되며, 높은 주파수에서는 유도성 리액턴스의 값이 우세해서 $X > 0$이 된다.

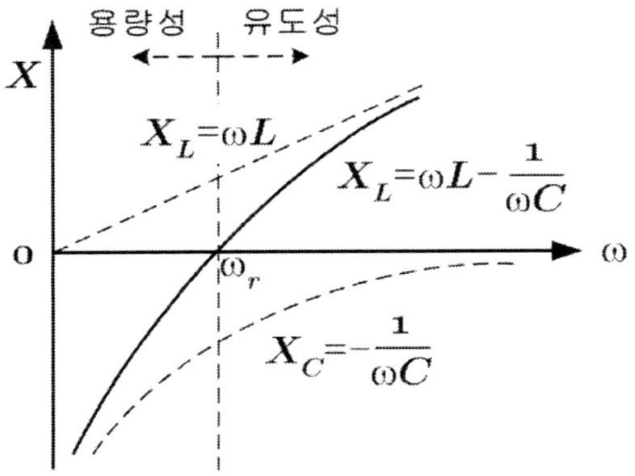

[그림 12-3] X의 주파수 특성

그리고 이 중간에 X의 곡선이 횡축을 끊는 점, 즉 $X_L = |X_C|$가 되는 점 ω_r이 존재하며 이때는 단자전압과 전류가 동상이 된다.

일반적으로 2단자 회로의 단자전압과 전류가 어떤 특정한 주파수에서 동상이 될 때 이 회로는 그 주파수에서 공진 상태에 있다고 하며 이때의 주파수를 공진주파수(resonance frequency)라 한다.

또한, 회로정수를 변화시켜서 공진 상태로 유도해 가는 것을 전원의 주파수에 동조(tuning)시킨다고 하며, 그때의 L 및 C 의 값을 각각 동조 인덕턴스, 동조 커패시턴스라 한다.

직렬공진회로에서 공진시의 각 주파수를 ω_r, 주파수를 f_r이라 하면 식(4)로부터

$$\omega_r L - \frac{1}{\omega_r C} = 0 \tag{5}$$

이 성립되며, 이로부터는

$$\omega_r = \frac{1}{\sqrt{LC}} \tag{6}$$

$$\text{또는} \quad f_r = \frac{1}{2\pi\sqrt{LC}} \tag{7}$$

와 같은 관계식이 얻어진다.

이와 같이 공진 시에는 리액턴스 성분이 0이 되므로 무효전력은 존재할 수 없고, 순저항 성분에서 소모되는 유효전력만 존재하게 되므로 역률(power factor)은 1이 된다.

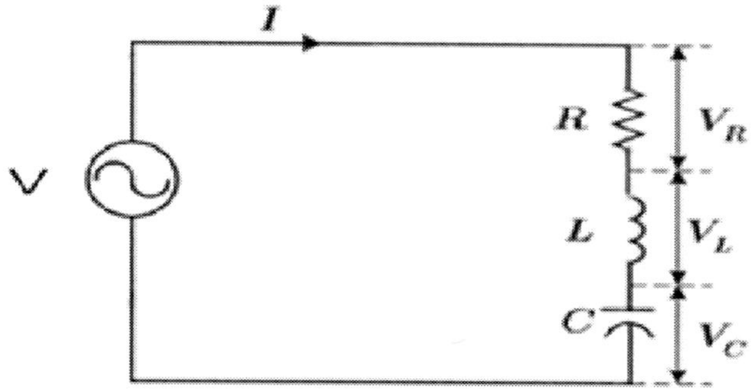

[그림 12-4] 직렬 공진회로

이제 직렬공진회로에 가해지는 전압이 주파수와 관계없이 일정할 경우 직렬회로에 흐르는 전류와 주파수 간의 관계는 그림 [12-5]와 같이 된다. 즉, 공진 시에 최대전류가 흐르게 되며, 그 크기는 V/R이 된다. 즉, 공진 시 전원 전압과 R 양단의 전압은 같게 된다. 이것은 물론 그림 5에서 보는 바와 같이 공진 시 L 양단의 전압과 C양단의 전압은 크기는 같고 위상이 반대가 되어 서로 상쇄되기 때문이다.

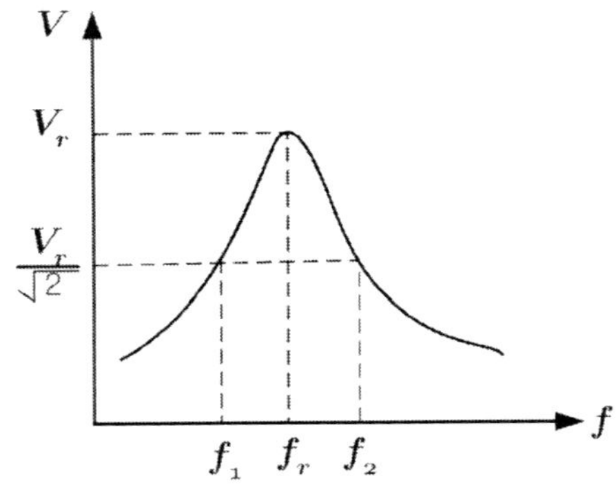

[그림 12-5] 공진 특성

최대전류 I_r의 $1/\sqrt{2}$ 가 되는 주파수는 [그림 12-5]에서 보는 바와 같이 2개가 나타나게 되며 $P = I^2R$ [W] 로부터 이 점은 공진 시 소모되는 전력의 반이 소모되는 점이 되므로 이를 반(半)전력점이라 하고, 공진주파수와 반전력점의 주파수 폭의 비로 공진회로의 Q를 정의한다.

$$Q = \frac{\omega_r}{\omega_2 - \omega_1} = \frac{f_r}{f_2 - f_1} \tag{8}$$

이 정의는 병렬공진회로의 경우도 마찬가지이다. Q는 공진 곡선이 예리할수록 커지므로 Q를 첨예도 (sharpness)라고도 하며, 또한 공진은 어떤 특정의 주파수에서 동조(tuning)를 의미하고, Q가 클수록 공진주파수에서 정확하게 되므로 Q를 선택도(selectivity)라고도 한다.

지금까지 설명한 조건으로 반전력점의 각 주파수 ω_1, ω_2를 구하여 이를 식 (8)에 대입하면 Q는 다음과 같이 된다. (유도과정은 각자 생각해보자.)

$$Q = \frac{\omega_r L}{R} = \frac{1}{\omega_r CR} \tag{9}$$

즉, Q는 유도성 리액턴스와 저항의 비가 된다는 것을 알 수 있다. 그런데 직렬공진회로에서 R을 L에 포함된 등가저항이라고 보면 L의 품질을 결정하는 중요한 수치가 된다.

(3) 병렬공진

직렬공진에서 설명하였듯이 공진회로에서의 R 은 실제로 접속하는 것이 아니고, L 의 등가적인 저항으로 보는 것이 타당하다. 따라서 [그림 12-6]과 같은 회로의 경우는 이상적인 R, L, C 만 병렬로 접속되어 있으므로 이 회로는 실제로 구성할 수 없다. 따라서 이를 이론적인 병렬공진회로라 한다. 그러나 이 회로의 해석은 병렬공진회로의 특성을 이해하는데 매우 중요하다. [그림 12-6]의 합성 어드미턴스는

$$Y = \frac{1}{R} + j(\omega C - \frac{1}{\omega L}) \tag{1}$$

이므로, 공진 조건은 이의 허수부가 0이 되는 조건이다. 따라서,

$$\omega_r = \frac{1}{\sqrt{LC}}, \ f_r = \frac{1}{2\pi\sqrt{LC}} \tag{2}$$

이며 이는 직렬공진의 경우와 같다. 또한, 병렬공진회로에 흐르는 전류의 크기가 항상 일정하다고 가정하면 주파수에 따른 병렬공진회로 양단의 전압변화는 직렬공진회로의 공진곡선과 같다.

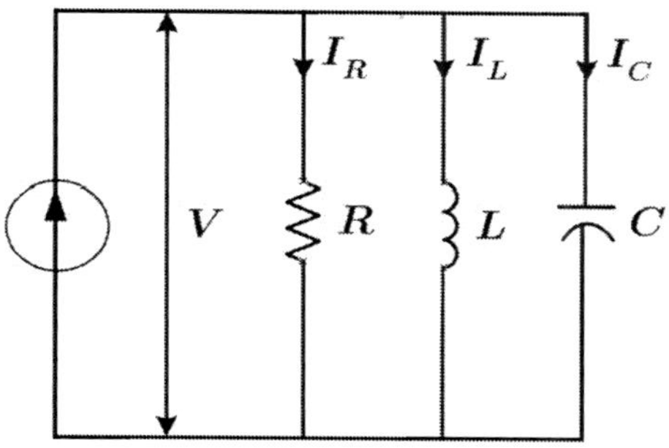

[그림 12-6] 병렬공진회로

직렬공진과 마찬가지로, Q는

$$Q = \frac{\omega_r}{\omega_2 - \omega_1} = \frac{f_r}{f_2 - f_1} \tag{3}$$

로 정의되며, 반전력점의 주파수를 구하여 대입하면 다음과 같다.

$$Q = \frac{R}{\omega_r L} = \omega_r CR \tag{4}$$

4 실험부품 및 장비

장비		DMM(Digital Multi-Meter) Oscilloscope Function Generator Bread Board 가변 실험 전원	
부품	저항	10kΩ 1/4W	1개
	커패시터	0.01㎌	1개
	인덕터	33mH	1개

5 실험방법

(1) 직렬공진회로

[그림 12-7]와 같이 회로를 꾸며라. 또한, 함수 발생기의 출력을 10Vp-p로 조정하여라.

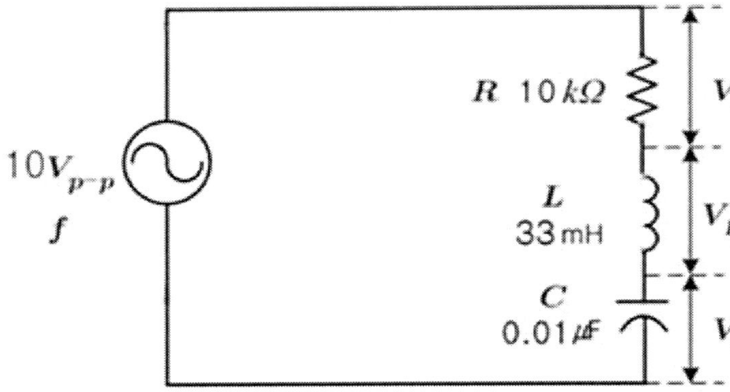

[그림 12-7] 실험 회로

(2) 병렬공진회로

[그림 12-8]과 같이 회로를 꾸며라. 또한, 함수 발생기의 출력을 4Vp-p로 조정하여라.

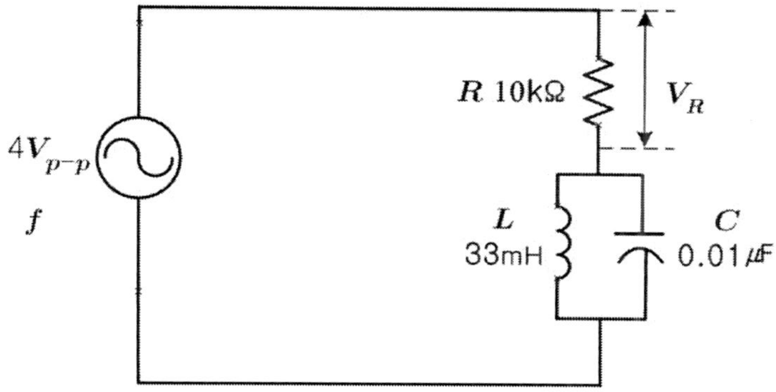

[그림 12-8] 실험 회로

실험 11

R-L-C 직렬공진회로와 병렬공진회로

학 과		학 년		조	
학 번		이 름		평 가	

1. 실험의 목적 및 배경(과거의 관련된 연구 결과 및 이론)

2. 본론 (실험에서 중요하다고 생각하는 것을 쓰고 논하시오)

3. 결과 예측 (p-spice 시뮬레이션 결과를 붙이고 해석하시오.)

4. 실험 결과

(1) 직렬공진 회로

① 공진주파수를 계산하여라. f_r = ________Hz

② 앞에서 구한 공진주파수를 전.후로 해서 주파수 변화에 따른 전류공진곡선을 그래프로 나타낸다. 이때 각각의 주파수 변화에 따른 전류값의 변하는 오실로스코프상에 나타나는 R 양단의 전압 V_R을 측정함으로써 간접적으로 구하라.

주파수	V_R 최대치	V_{Rrms} 실효치	$I(=V_{Rrms}/R)$
+2000			
+1500			
+1000			
+500			
f_r			
-500			
-1000			
-1500			
-2000			

③ 이론적인 공진주파수와 측정결과 밝혀진 공진주파수를 비교하여라

④ 주파수 공진 곡선을 가지고 Q값을 계산하고 이론치와 비교하여라.

(2) 병렬공진 회로

① 공진주파수를 계산하여라. f_r = Hz

② 앞에서 구한 공진주파수를 전.후로해서 주파수 변화에 따른 전류공진곡선을 그래프로 나타낸다. 이때 각각의 주파수 변화에 따른 전류값의 변하는 오실로스코프상에 나타나는 R 양단의 전압 V_R을 측정함으로써 간접적으로 구한다.

주파수	V_R 최대치	V_{Rrms} 실효치	$I(=V_{Rrms}/R)$
+2000			
+1500			
+1000			
+500			
f_r			
-500			
-1000			
-1500			
-2000			

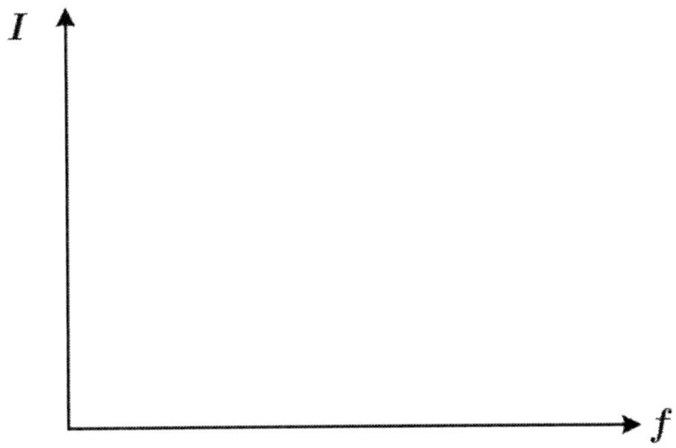

③ 이론적인 공진주파수와 측정결과 밝혀진 공진주파수를 비교하여라.

④ 주파수 공진 곡선을 가지고 Q값을 계산하고 이론치와 비교하여라.

5. 결과 해석

6. 연구고찰

(1)직렬공진 회로

① $X_L = X_C$에서 리액턴스가 상쇄될 때, V_C가 최대 전압이 걸리는 이유는 무엇인가?

② 공진회로의 응용을 생각해 보아라.

③ 저항 R을 작은 값이나 큰 값으로 바꾸면 어떤 현상이 일어나겠는가?

(2)병렬공진 회로

① $X_L = X_C$에서 리액턴스가 상쇄될 때, V_C가 최대 전압이 걸리는 이유는 무엇인가?

② 공진회로의 응용을 생각해 보아라.

③ 저항 R을 작은 값이나 큰 값으로 바꾸면 어떤 현상이 일어나겠는가?

7. 참고 문헌

부록

부록 01 부품의 식별과 검사

1 부품의 특징

(1) 전기회로와 소자

전기에너지를 사용하여 인간에게 필요한 에너지(빛, 열, 운동 등)으로 바꾸기 위한 시스템을 전기회로라 한다. 전기회로는 저항, 커패시터, 인덕터등의 수동소자와 진공관, 트랜지스터, IC 등의 능동소자로 구성된다. 일반적으로 수동소자와 능동소자를 합쳐 전기소자라 한다.

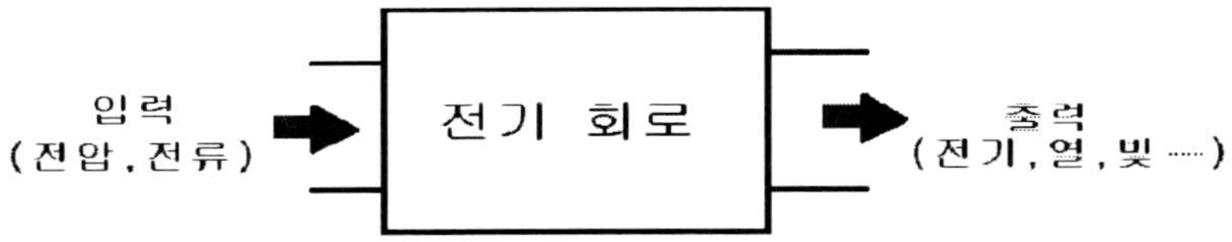

[그림 1-1] 전기회로

(2) 수동회로와 능동회로

수동소자만으로 구성된 회로를 수동회로, 능동소자를 포함한 회로를 능동회로라고 한다. 수동회로는 외부의 추가적인 전원을 공급받지 않고 입력되는 전기신호에 의해서만 출력을 나타낸다. 그래서 일반적으로 저항, 커패시터, 인덕터와 같이 외부의 전원이 필요없는 소자로 구성된 경우를 회로를 수동회로라고 한다. 이와는 반대로 입력 전기신호 이외의 회로를 구성하는 소자에 전원을 공급해야 하는 회로를 능동회로라고 한다. 현재 사용되는 대부분 회로는 능동회로라 할 수 있다.

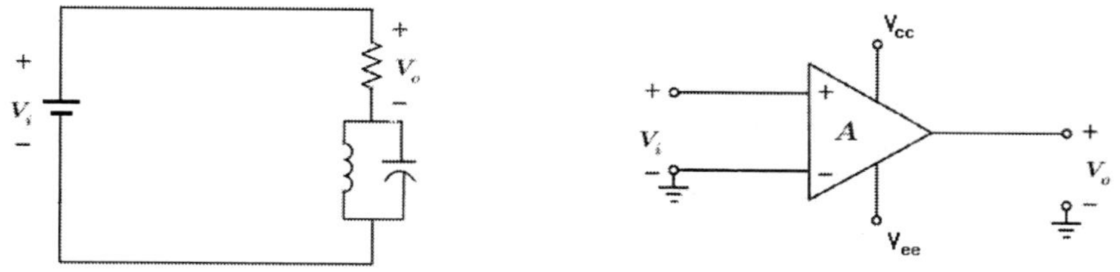

[그림1-2] 수동회로와 능동회로

(3) 저항 (R : resistor)

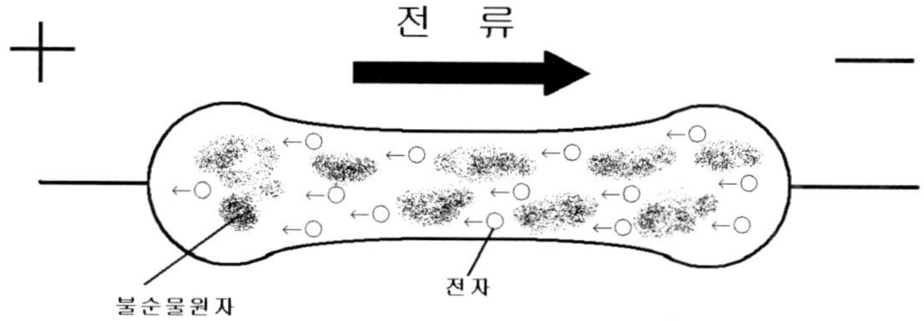

[그림1-3] 전류가 흐르는 저항의 구조도

도체 내에서 전류의 흐름을 방해하는 저항력. 도선의 한 방향으로 흐르는 전류의 세기는 도선의 양 끝에 인가된 전위차에 비례하며(옴의 법칙 V=IR), 그 비례상수를 전기저항이라고 한다. 전기저항은 전류의 세기 나 전위차에는 의존하지 않고 도선의 종류, 굵기, 길이, 온도 등에 의하여 정해진다. 금속 도체에서의 전류는 자유전자가 전위차에 동반하는 전기장을 받아 흐르기 때문에 생긴다. 이때 열운동을 하고 있는 금속원자나 불순물원자와 충돌하여 자유전자의 흐름을 막는 것이 전기저항의 원인이 된다. 금속의 온도를 낮추면 원자의 열운동이 약화되기 때문에 저항은 작아진다.

(4) 인덕터 (L : inductor)

[그림1-4] 인덕터의 구조 및 회로기호

인덕터는 일반적으로 코일의 형태인 도선으로 구성된 회로 소자이다. 인덕터는 일반적으로 코일이 감겨진 심의 형태에 따라 분류한다. 예들 들면 심의 재료는 공기, 비자성 재료 및 철 등이 사용된다. 공기 혹은 비자성체의 심으로 제작된 인덕터는 라디오, 텔레비전 혹은 필터 회로에 널리 사용된다. 철심 인덕터는 전력용전원이나 필터에 사용된다. 인덕터의 동작원리는 전류가 흐르는 도체에 자장이 형성되고 그 자장은 자장을 형성하는 전류가 시간의 변화율에 비례하는 전압을 유기한다는 점에서 착안 되었다.

$$v(t) = L\ \frac{d\ i(t)}{dt} \tag{1}$$

비례상수 L이 인덕턴스이고, 단위는 헨리[H]라 한다.

(5) 커패시터 (C : capacitor)

전하를 축적하는 것을 목적으로 하여 만들어진 전기회로의 소자. 기본적인 구조는 평판전극과 그 사이에 삽입되는 유전체(誘電體)로 이루어진다. 전하를 어느 정도로 잘 축적할 수 있는가를 나타내는 값을 그 축전기의 정전용량(capacitance)이라 한다.

$$i(t) = C\ \frac{d\ v(t)}{dt} \tag{2}$$

정전용량의 단위는 패럿(farad 기호는 F)으로 표시한다. 그러나 실제 커패시터의 정전용량을 나타내기에는 단위가 너무 크므로 이 값의 $10^{-6} \sim 10^{-12}$의 크기 단위를 각각 마이크로패럿(μF), 나노패럿(nF), 피코패럿(pF)이라 하여 많이 쓰고 있다.

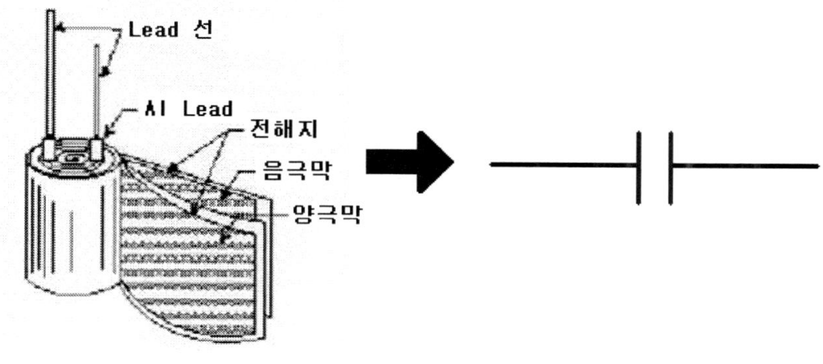

[그림1-5] 전해 커패시터의 구조도 및 회로기호

(6) 다이오드 (diode)

다이오드는 가장 간단하고 기본적인 비선형 소자로서 유체를 한 방향으로만 흐르게 하는 밸브와 같이 전류를 한 방향으로만 흐르게 한다. 다이오드는 [그림 1-6] a와 같이 표현되며, 그 자체의 전압강하가 없다고 가정할 때(이상적인 다이오드) 전류-전압 특성은 [그림 1-6] b와 같다. 즉 점 A의 전압이 점 B의 전압보다 높을 때($V_A > V_B$: 순방향 바이어스) 이상적인 다이오드는 단락회로처럼 동작하며, 이와 반대의 경우($V_A < V_B$: 역방향 바이어스)에는 개방회로처럼 동작한다.

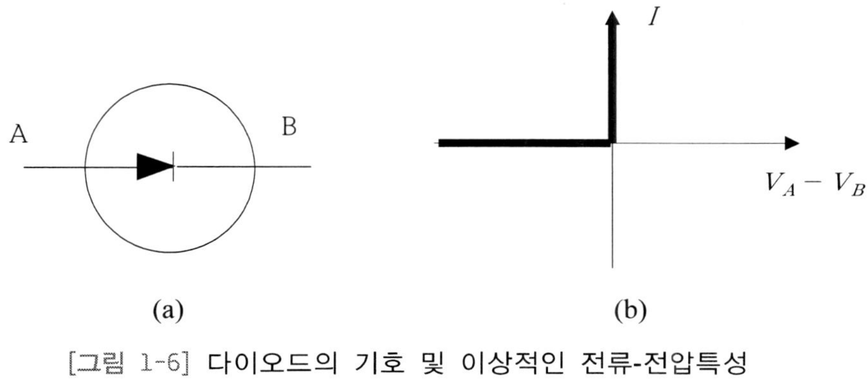

[그림 1-6] 다이오드의 기호 및 이상적인 전류-전압특성

하지만 실질적으로는 [그림 1-6] (b)와 같이 동작할 수 없으며 다이오드 양단에 순방향 바이어스가 걸렸을 때 다이오드 자체에서 전압강하가 발생한다. 이 전압강하의 양은 다이오드 종류에 따라 다르나 흔히 쓰이는 실리콘 다이오드의 경우는 약 0.7V, 게르마늄 다이오드의 경우는 약 0.3V 정도이다. 그림 2는 실질적으로 사용되는 다이오드의 전압-전류 특성을 나타낸다. 예를 들어 실리콘 다이오드의 경우 순방향 바이어스가 가해졌을 때 그 전압이 0.7V보다 크게 되면 다이오드가 도통이 되며, 그때 다이오드 양단의 전압강하가 0.7V 정도 된다는 것이다.

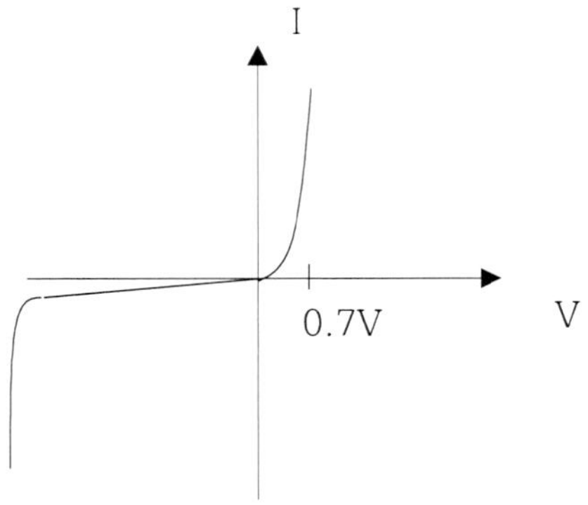

[그림 1-7] 다이오드 전류-전압 특성

2 부품 판별법

(1) 저항 판독법(색띠 판별법)

저항 겉 표면의 색 띠를 이용하여 저항의 크기와 오차를 구하는 방법을 색 띠 판독법이라고 한다. 4색띠와 5색띠가 있는데 마지막 두 띠는 승수와 오차를 나타내며 앞의 두 자리 혹은 세 자리는 숫자를 나타내는 것이다. 다음의 [그림 1-6]은 저항의 4색띠와 5색띠의 형태를 나타낸 것이며, [표 1-1]은 띠의 색깔별 숫자와, 승수, 오차를 나타낸 것이다.

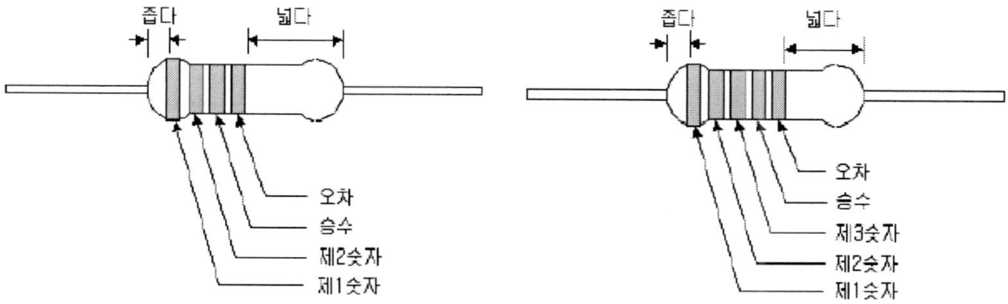

[그림 1-8] 4색띠와 5색띠 저항

[표 1-1] 저항의 색띠에 따른 저항 환산표

색	첫째 띠 (첫 숫자)	둘째 띠 (둘째 숫자)	셋째 띠 (셋째 숫자)	셋째 띠 (승수)	넷째 띠 (오차)
흑색 (block)	0	0	0	10^0	
갈색 (brown)	1	1	1	10^1	± 1%
적색 (red)	2	2	2	10^2	± 2%
등색 (orange)	3	3	3	10^3	
황색 (yellow)	4	4	4	10^4	± 0.5%
녹색 (green)	5	5	5	10^5	± 0.25%
청색 (blue)	6	6	6	10^6	± 0.1%
자색 (violet)	7	7	7	10^7	
회색 (gray)	8	8	8	10^8	
백색 (white)	9	9	9	10^9	
금색 (gold)				10^{-1}	± 5%
은색 (silver)				10^{-2}	± 10%
무색 (none)				10^{-3}	± 20%

[저항 판독법 예]

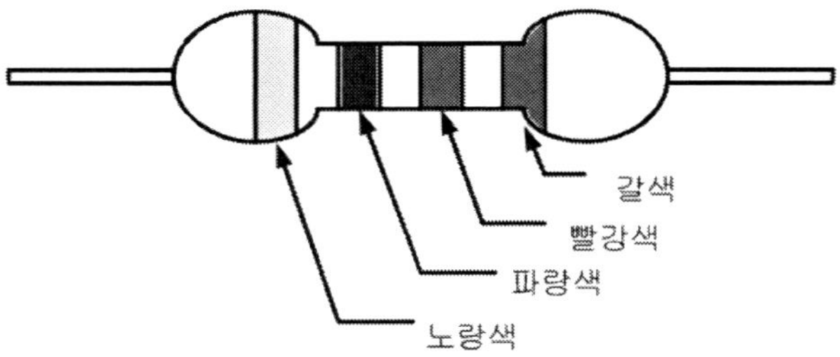

4(노랑) 6(파랑) x10^2(승수)[Ω] = 4.6 x10^3[Ω] = 4.6[KΩ]± 1%(오차)

(2) 콘덴서 판독법

LCR meter를 이용하거나 다음과 같은 부품 표면에 있는 숫자와 기호를 가지고 판별하게 된다. 긴 리드선이 (+)이고 짧은 리드선이 (-)이다.

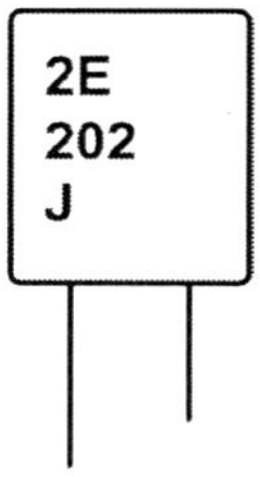

2E = 정격 전압 예) 250V
202 = 정전 용량 예) 2000 PF
J = 허용 오차 예) ± 5 %

[그림 1-9] 콘덴서 판독법

① 정격 전압표

	A	B	C	D	E	F	V	G	H	J	K
0	1	1.25	1.6	2	2.5	3.15	3.5	4	5	6.3	8
1	10	12.5	16	20	25	31.5	35	40	50	63	80
2	100	125	160	200	250	315	350	400	500	630	800
3	1,000	1,250	1,600	2,000	2,500	3,150	3,500	4,000	5,000	6,300	8,000
4	10KV										

② 정격 용량

처음 두 자리는 유효숫자를 말하며, 세 번째 숫자는 승수를 말한다.

예) $20 \text{ x } 10^2 = 2000$ [PF]

③ 허용 오차

	B	C	D	F	G	J	K	M	N	V	X	Z	P
허용오차 (%)	±0.1	±0.25	±0.5	±1	±2	±5	±10	±20	±30	+20 -10	+40 -10	+80 -20	+100 -0
허용오차 (pF)	±0.1		±0.25		±0.5		±1		±2				

(3) L 판독법

LCR meter를 이용하거나 부품 표면에 명시된 용량으로 판독한다.

(4) 다이오드 판독법

[그림 1-10] 다이오드

일반적으로 다이오드는 흰색 띠 모양이 있는 곳이 +입니다. 만약 이 띠가 지워져서 보이지 않는다면 간단하게 테스트기를 이용 전류의 흐름을 이용하여 극성을 판별할 수 있다.

예제 01

부품의 식별과 검사

1 사용부품 및 장비

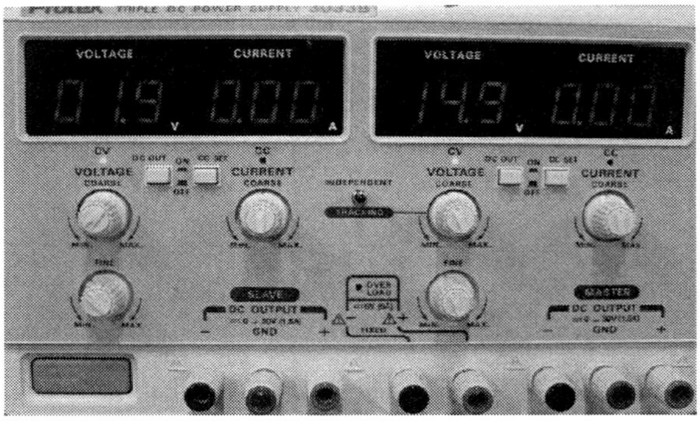

① DC POWER SUPPLY

② Digital Multi Meter

③ 1kΩ 저항

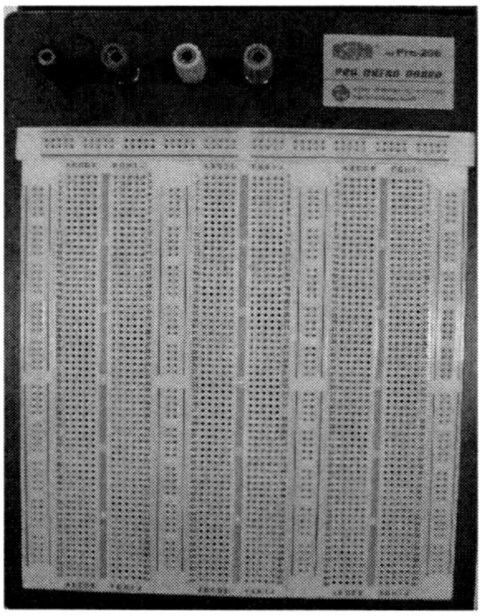

④ Bread Board

⑤피복전선 약간

2 실험 순서

(1) bread board에 회로도에 따라 결선을 한다.

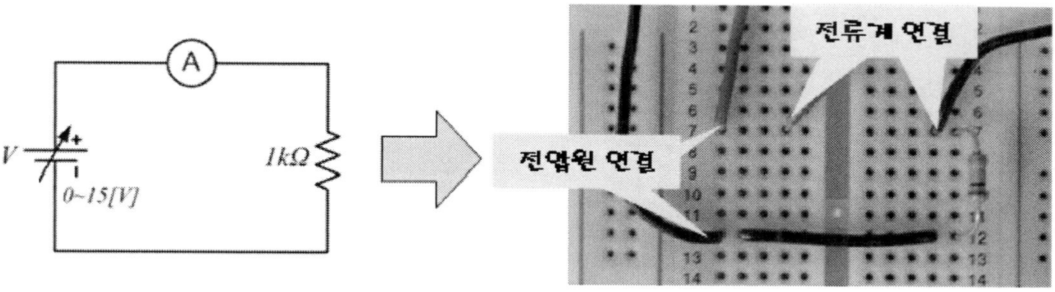

(2) 극성에 유의하여 power supply 및 DMM을 연결한다.

(교재에 있는 전류계 대신 DMM을 사용한다)

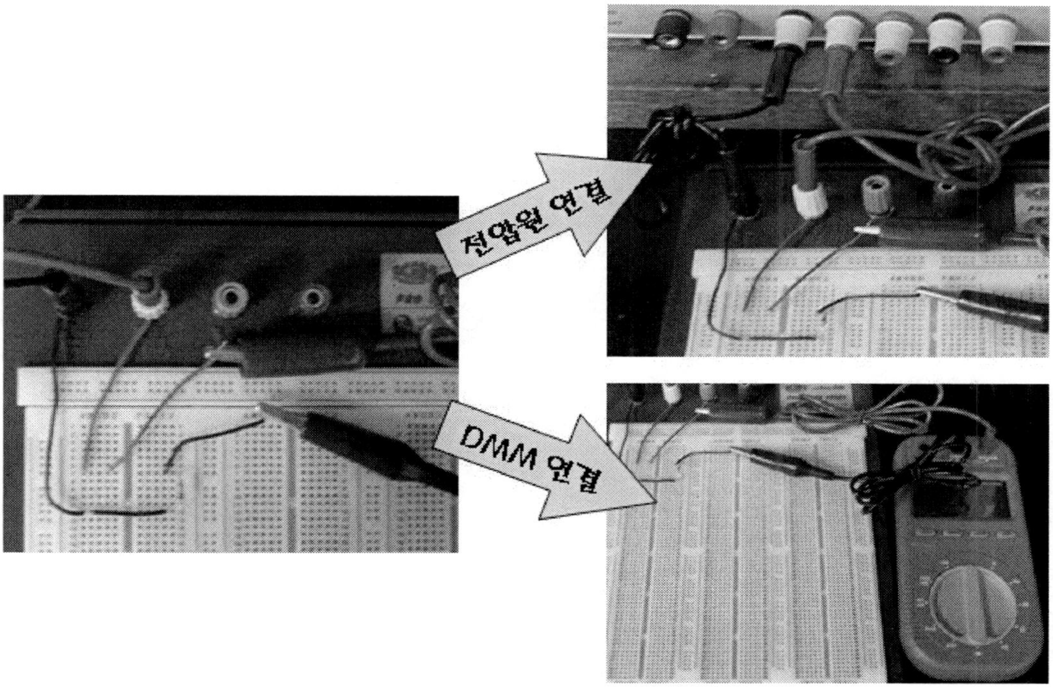

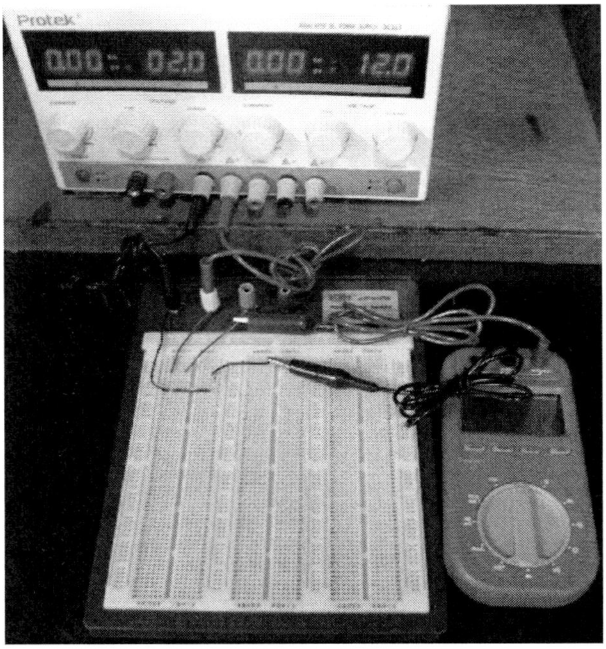

(전체적인 회로 결선 모습)

(3) DC POWER SUPPLY의 출력 전압을 원하는 전압에 맞춘 후 DC OUT을 눌러 회로에 전압을 공급한다.

(4) DMM을 통해 회로에 흐르는 전류를 확인한다.

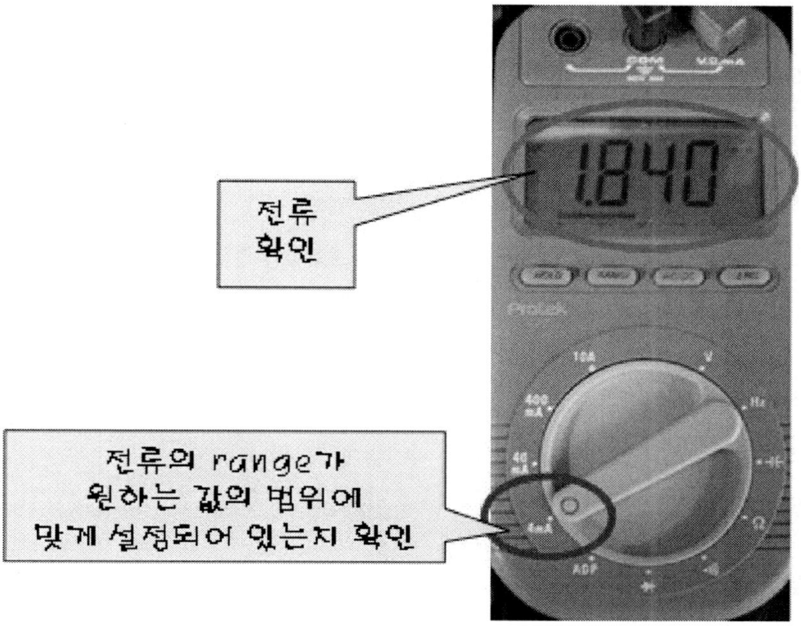

부록 02 기기 사용법

2-1 멀티미터의 사용법

(1) 멀티미터란?

전압, 전류 및 저항 등의 값을 측정할 수 있게 만든 기기

측정 범위

① 1000V 내외의 직류 전압 및 교류전압

② 10A 이하의 직류 전류

③ 20MΩ내외의 저항

(2) 멀티미터의 기본 기능

① 직류 전압 측정

② 교류 전압 측정

③ 직류 전류 측정

④ 저항 측정

(3) 디지털 멀티 미터의 기능 구성도

전자 멀티미터는 내부에 증폭기를 가지고 있기 때문에 일반 멀티미터보다 측정 감도가 높아서 미소한 양을 측정하는 것이 가능

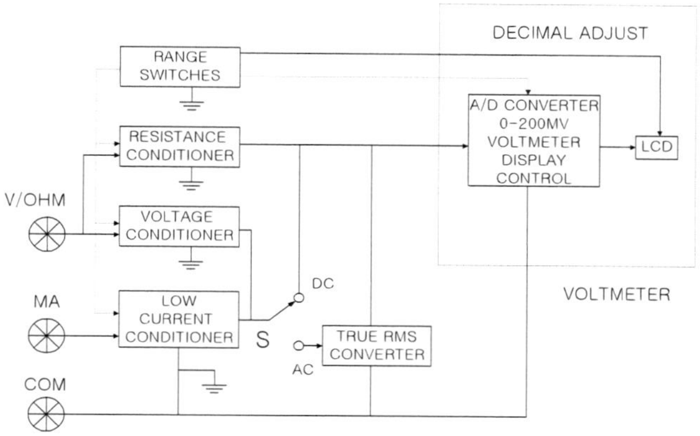

[그림 2-1-1] 디지털 멀티미터 내부구조

① 직류전압 및 교류전압 측정 방법

- 흑색 시험봉은 'COM'단자에, 적색 시험봉은 'V, $K\Omega$'단자에 연결
- 'V'선택 스위치를 누른 상태에서 측정
- 직류/교류 선택 스위치로 직류 전압과 교류 전압을 구분
- 최고 범위는 직류 1000V, 교류 750V임

② 직류 전류 및 교류 전류 측정 방법

- 흑색 시험봉은 'COM'단자에, 2A이하에서 적색 시험봉은 'mA'단자에 연결하고, 2A이상에서는 적색 시험봉은 반드시 '10A'단자에 연결한다.
- 'mA'선택 스위치를 누른 상태에서 측정
- 직류/교류 선택 스위치로 직류 전류와 교류 전류를 구분
- 2A 이상에서 측정 범위 스위치는 반드시 '10A'를 선택해야 한다.

③ 저항 측정 방법

- 흑색 시험봉은 'COM'단자에, 적색 시험봉은 'V, $K\Omega$'단자에 연결
- '$K\Omega$'선택 스위치를 누른 상태에서 측정
- 저항 측정 시 '0 Ω'을 조정

(4) 주의사항

① 알 수 없는 전압이나 전류를 측정할 때는 높은 레인지부터 측정 (메터의 바늘 보호)

② 직류 전압이나 전류 측정 시에는 극성에 유의할 것

③ 측정 전에 반드시 절환 스위치의 위치를 확인할 것.

저항측정 위치나 전류 위치에 두고 전압을 측정하면 미터가 파손되기 쉽다.

④ 저항을 측정할 경우 여러 저항 범위에 대하여 각각의 영점 조정을 하도록 한다.

2-2 Power Supply 사용법

1. 직류 회로

입력이 직류 신호를 가지는 전원이 공급되는 전기소자로 구성된 회로이다. 흐르는 방향이 일정한 전류. 약칭 DC(Direct Current). 전류 가운데 방향과 크기가 일정한 것을 가리키는 경우가 많으며 방향은 일정하나 크기가 달라지는 경우는 직류와 구별하여 맥동전류(脈動電流)라 한다. 직류라는 말은 형용사로도 쓰이는데, 전지의 전압처럼 극성(+ -)이 일정한 전압을 직류전압이라 한다.

2. 전원

전기회로에 입력되는 모든 전기에너지의 공급원을 말한다. 전기에너지는 공급방법에 따라 전압원과 전류원으로 구분 된다.

(1) 전압원

전기에너지의 공급기준이 전압으로 나타내는 전원. 어느 한 점을 기준(전원의 단자 중 한 단자)으로 전기회로에 공급되는 전압을 일정하게 하여 회로에 필요한 전기에너지를 공급하는 것이다. 공급되는 전압은 일정하나 회로 내부의 소자 구성에 따라 공급되는 전류가 변한다.

(2) 전류원

전기에너지의 공급기준이 전류로 나타내는 전원. 전원에 흐르는 전류의 크기를 일정하게 하여 회로에 필요한 전기에너지를 공급하는 것이다. 전류원은 추가되는 회로의 영향을 많이 받아 회로의 구성 및 해석이 힘들어 일부 특정한 부분에서만 사용된다.

3. Power Supply

Power supply 란 전원 장치를 말하며, 이번 학기 실험에서는 직류전압원을 나타내기로 한다.

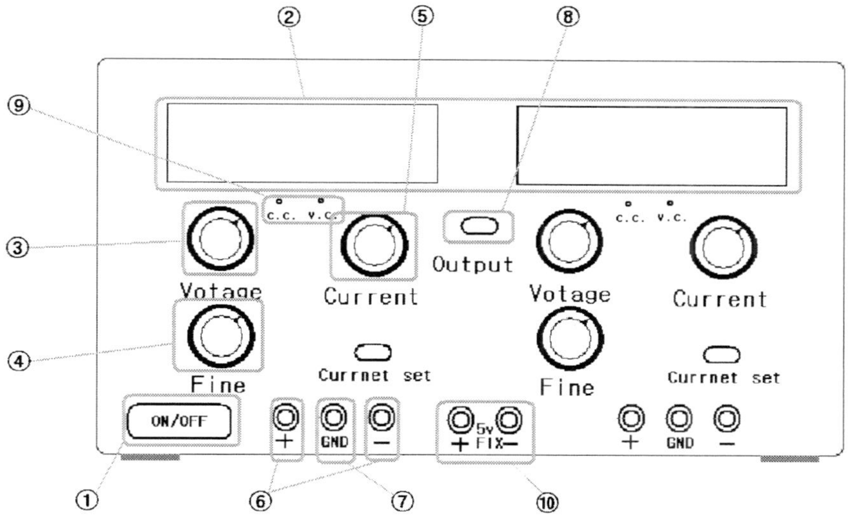

[그림2-2-1] Power Supply의 모형도

(1) 사용법

① 전원 : Power supply에 전원을 on/off한다.

② LCD 창 : 각 채널에서 공급하는 전압의 크기와 전류의 크기를 나타낸다.

③ Voltage : 각 채널의 공급전압의 크기를 조절한다.

④ Fine : 각 채널의 공급전압의 크기를 미세 조절한다.

⑤ Current : 각 채널의 최대공급전류의 크기를 조절한다.

⑥ ＋ ― : 각 채널의 공급 전원 단자 [0~30V 전원 (A 채널, B 채널)]

⑦ GND : Power supply의 내부에서 서로 연결된 접지 단자

(기준 전압으로 주로 사용된다.)

⑧ Output : 결정된 직류전압원을 출력한다.

⑨ 램프(V.C. , C.C.) : 최대허용전원 표시 램프

⑩ 5V FIX : 일정한 5V은 직류전압원을 공급하는 단자.

(2) 연결하기

① 부하에 전원이 있는 경우

다이오드의 전류 용량은 이에 흐르는 전류보다 충분히 커야 한다.

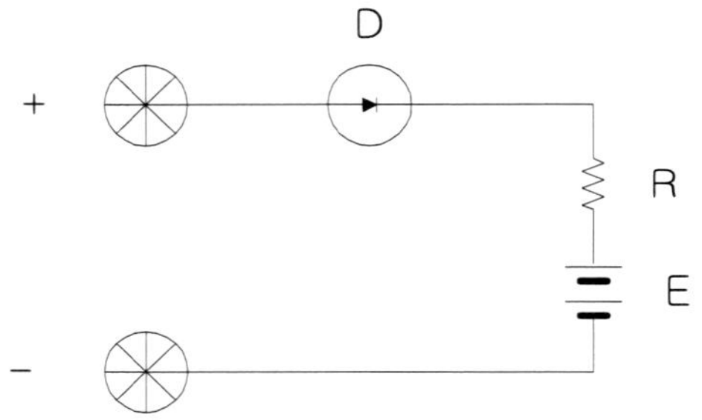

[그림2-2-2] 부하에 전원이 있는 경우

② 전원의 직렬연결

절연 문제와 내부 회로 내압 문제 등으로 인해 전원 파괴 위험.

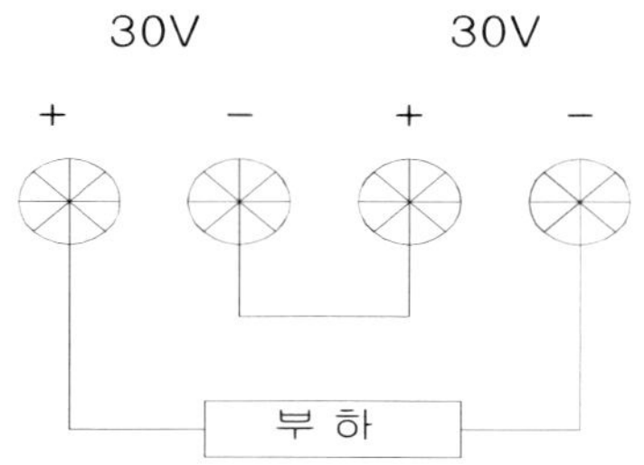

[그림2-2-3] 전원의 직렬연결

(3) 예제

① Power supply를 사용하여 직류전압원 만들기

Power supply는 직류전압원으로 필요한 전압을 조절하여 사용한다. 전압원으로 사용할 경우에는 항상 V.C. 램프가 점등되어야 한다.

■ 직류전압 3[V]인 전압원을 구성하시오.

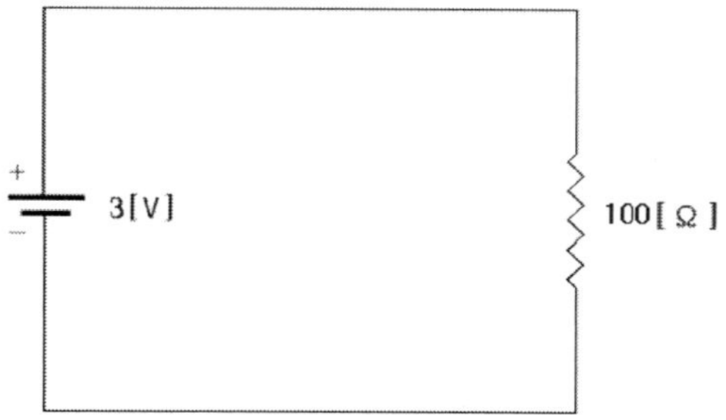

[그림2-2-4] 예제 1의 회로

㉠ Power supply에 전원을 인가한다.

㉡ Output 단자를 off 시킨다.

㉢ 전압의 크기를 조절한다.

㉣ 예상되는 공급전류의 크기를 조절한다.

㉤ Output 단자를 On 하여 전원을 공급한다.

㉥ V.C. 램프가 점등되도록 공급전류의 크기를 조절한다.

㉦ 멀티미터로 전압을 측정한다.

주의

C.C. 램프가 점등되는 경우는 공급되는 전류가 제한되고 있다는 것을 말한다. 이때는 공급전류의 크기를 서서히 증가시킴으로써 V.C. 램프가 점등되도록 조절한다. 그러나 전원 내부에 과전류가 흐를 때도 C.C. 램프가 점등하므로 예상되는 입력전류를 파악해야 한다.

② Power supply를 사용하여 직류전류원 만들기

Power supply를 전류원으로 사용하기 위해서는 우선 전류의 크기를 선정하고 전압의 크기를 알맞게 조절하여 사용해야 한다. 항상 C.C. 램프가 켜져 있어야 한다.

■ 직류전류 0.5[A]인 전류원을 구성하시오.

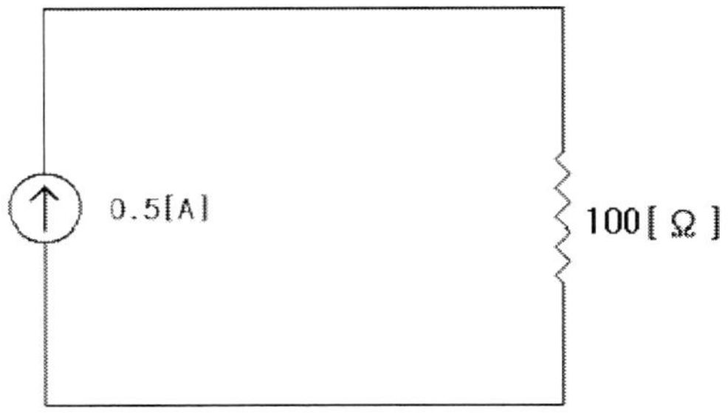

[그림2-2-5] 예제 1의 회로

㉠ Power supply에 전원을 인가한다.

㉡ Output 단자를 off 시킨다.

㉢ Current set. 버튼을 사용하여 전류의 크기를 조절한다.

㉣ 전압의 크기는 0[V]에 맞춘다.

㉤ Output 단자를 On 하여 전원을 공급한다.

㉥ C.C. 램프에 점등될 때까지 전압의 크기를 증가시킨다.

㉦ 멀티미터로 전압을 측정한다.

주의

전류원의 크기를 측정하기 위해서 Power supply의 출력단자에 직접 측정할 경우 전류계의 0[Ω]인 내부저항으로 인해 무한대 전류가 흘러 전원 및 전류계에 고장의 원인이 된다. 이때는 임의의 저항을 이용하여 직렬회로를 구성하여 전류를 측정해야 한다.

2-3 Function Generator 사용법

1. 교류 회로

교류 신호를 가지는 입력 전원이 공급되는 전기소자로 구성된 회로이다. 교류란 시간이 지남에 따라 크기와 방향이 주기적으로 변하는 전류 또는 전압. 약칭 AC. 보통 주기적인 파형을 가지며 평균값은 0이 된다. 보통 우리가 가정에서 사용하고 있는 전원은 교류전압원이다. 교류의 가장 튼 장점은 전압의 크기를 쉽게 바꿀 수 있다는 것이다. 그러나 직류에 비하여 송전손실에 크다는 단점을 가진다.

2. 교류

(1) 주파수

교류에서 단위시간 내에 똑같은 상태가 되풀이되는 횟수. 진동수라고도 한다. 주파수는 주기의 역수이고 단위로는 Hz가 쓰인다. 1초 동안에 회 되풀이될 때 주파수는 Hz라 한다. 주파수가 큰 경우에는 kHz(1kHz = 1000Hz)나 MHz(1MHz=1× 106Hz) 등의 단위로 나타낸다.

(2) 파형

교류신호의 주기적으로 반복되는 형태를 나타낸다.

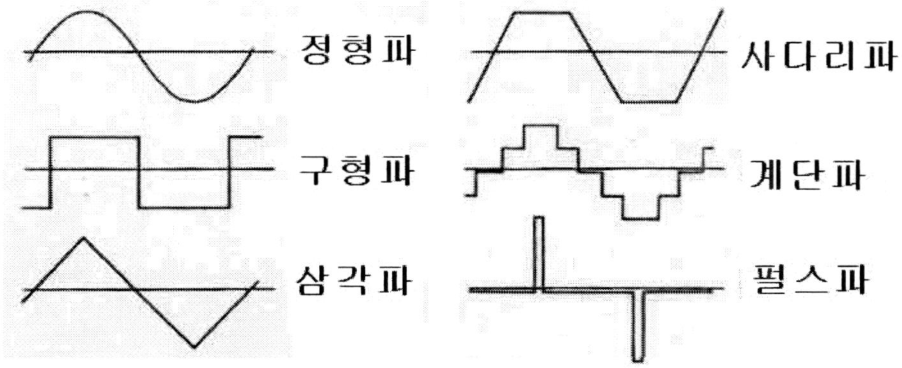

[그림 2-3-1] 파형의 종류

(3) 교류전압의 크기

① 순시치 : 시간에 따른 교류 전압의 크기

$$V(t) = 10\ \sin(120\pi\ t) \tag{1}$$

② 실효치(RMS) : 교류신호의 크기를 나타내는 대표 크기. 교류신호의 평균값은 보통 0이므로 순수치를 제곱한 값을 제곱근으로 표현하여 특정한 교류 전압의 크기를 나타나는 것.

$$V_{RMS} = \frac{1}{T}\int_0^T \sqrt{(V(t))^2}\,dt \tag{2}$$

첨두치(V_{p-p}) : 교류 신호에서 가장 큰 (+)전압값과 (-)전압값의 차이

3. Function Generator (함수 발생기)

교류신호의 전압을 공급하는 전압원.

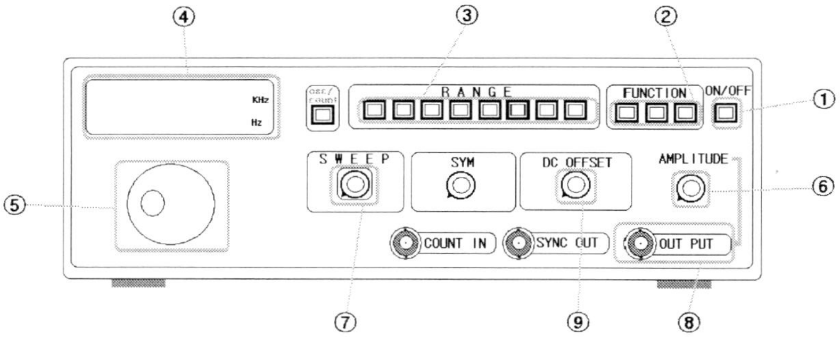

[그림 2-3-2] Function Generator

(1) 사용법

① 전원 : Function Generator의 전원을 ON/OFF 한다.

② FUNCTION(함수/파형) : 회로에 입력되는 파형을 선택한다.

③ RANGE(범위) : 교류신호의 주파수의 범위를 선정한다.

④ LCD 창 : 교류신호의 주파수를 나타낸다.

⑤ 주파수 레버 : 선정된 범위이내에서 주파수를 조절한다.

⑥ AMPLITUDE(크기) : 교류신호의 전압의 크기를 조절한다.

⑦ SWEEP(편향) : 교류신호가 고르지 않을 때 조절한다.

⑧ OUT PUT(출력) : 회로의 입력단자를 연결하는 커넥터.

연결커넥터는 주로 BNC-악어클립을 사용한다.

⑨ DC OFFSET : 교류신호에 직류성분을 제거할 때 사용한다.

주의

주파수의 레버를 사용하여 임의의 주파수로 가변할 경우 항상 주파수의 범위를 항상 주의해야 한다. 주파수가 증가할 경우 주파수범위에 의해 LCD 창은 범위 내의 최대 주파수까지만 출력되기 때문에 더 이상 주파수는 증가하지 않는다. 지나친 주파수 레버의 사용은 주요고장원인이 된다.

(3) 예제

① Function Generation를 사용하여 교류전압원 만들기

■ 실효치가 1[V]이고 정현파인 교류전압원을 구성하시오.

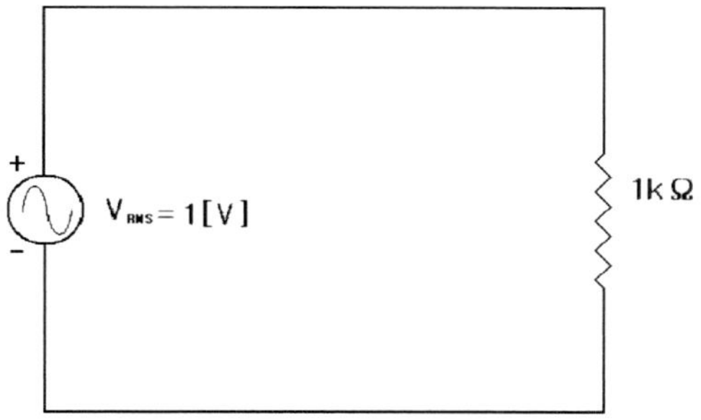

[그림 2-3-3] 예제1 의 회로

㉠ Function Generator에 전원을 인가한다.

㉡ 교류파형을 선택한다.

㉢ 주파수의 범위을 선정한다.

㉣ 주파수의 크기를 조절한다.

㉤ 멀티미터로 입력전압을 측정하여 1[V]가 되도록 크기를 조절한다.

2-4 Oscilloscope 사용법

1. 오실로스코프

(1). 오실로스코프란?

오실로스코프란 전기적인 신호를 화면에 그려주는 장치로서 시간의 변화에 따라 신호들의 크기가 어떻게 변화하고 있는지를 나타내 주는 전압계이다. 수직축(Y축)은 전압의 변화, 수평축(X축)은 시간 변화를 나타낸다.

오실로스코프는 입력신호를 시간 영역과 크기 영역으로 구분하고 신호를 처리한다. 이때 입력신호의 기준이 되는 지점을 선정하여 표시하여 한다. 지점을 선정하는 것을 트리거(Trigger)이라 하며, 잘못된 지점이 선정될 경우 파형이 흔들리는 경우가 발생한다.

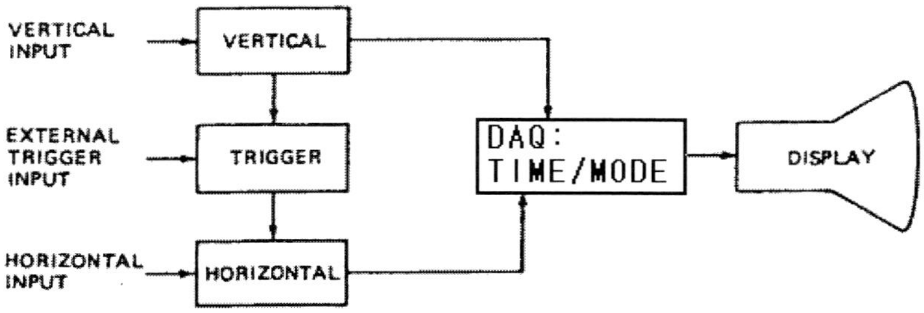

[그림 2-4-1] 오실로스코프의 내부구조

이전의 오실로스코프는 음극선관을 이용하여 전자총(Electron Gun)개념을 사용했다. 편향계 및 형광막으로 나뉘어 전자총에서 방출, 집속된 전자빔이 편향계에 걸린 전장 혹은 자장에 의해서 수직, 수평으로 편향되어 형광막에 나타나게 된다. 현재의 오실로스코프는 신호를 입력받아 데이터수집(DAQ : Data Acquisition)이라는 과정을 거쳐 표시 된다.

(2) 오실로스코프 구성

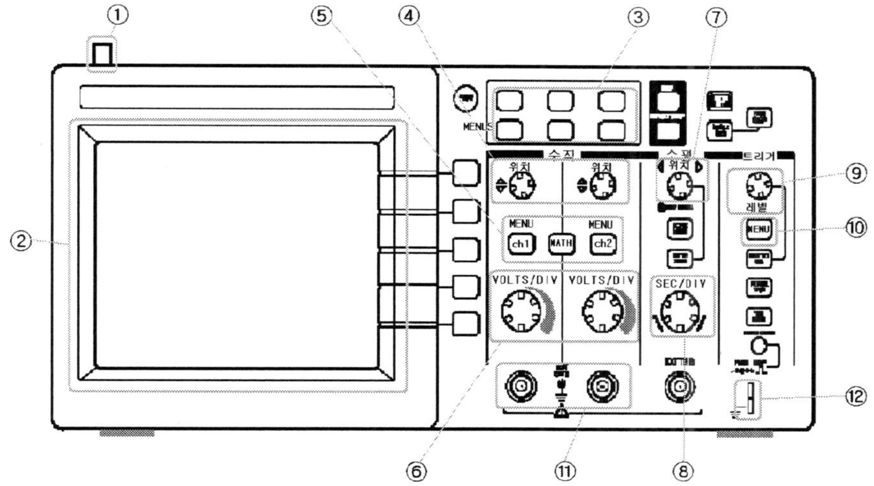

[그림 2-4-2] 오실로스코프의 전면도

① Power : 오실로스코프에 전원을 ON/OFF 한다.

② LCD 창 : 입력된 파형을 나타낸다.

③ MENUS : MODE(측정, 표시 등등)를 선택하는 버튼

④ 위치(수직) : 각 채널의 파형을 Y축으로 움직이게 한다.

⑤ MENU(수직) : 각 채널의 상태를 선택한다.

⑥ VOLTS/DIV(수직) : 각 채널별 파형의 전압크기단위를 선택한다.

⑦ 위치(수평) : 모든 채널의 파형을 X축으로 움직이게 한다.

⑧ SEC/DIV(수평) : 모든 채널의 주파수단위를 선택한다.

⑨ 레벨(트리거) : 표시되는 파형의 기준 전압을 선정한다.

⑩ MENU(트리거) : 세부적인 트리거를 저절한다.

⑪ 채널별 커넥터 : 신호를 입력받는 단자. 오실로스코프 프로브를 이용하여 입력을 받는다.

⑫ PROBE COMP. : 오실로스코프 및 프로브를 상태를 점검하는 단자. 항상 첨두치가 5[V]인 1khz의 구형파를 출력하는 단자.

(3) 예제

■ 오실로스코프 측정

㉠ 함수 발생기를 오실로스코프에 연결한다.

㉡ 함수 발생기에서 1V 60Hz 정현파를 발생시켜 그 파형을 관찰 기록 한다.

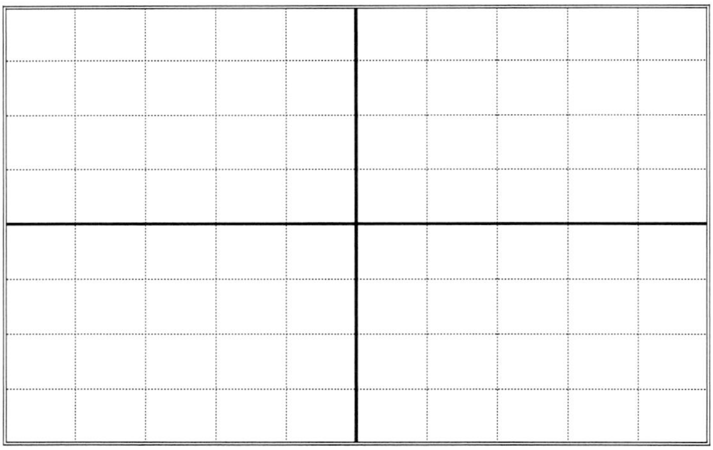

-------- v/div

-------- s/div

부록 03 PSpice

1 PSpice의 전반적인 개요

(1) PSpice 와 Schematics란?

① 전기회로를 컴퓨터 시뮬레이션하는 프로그램.

② 아날로그 및 디지털회로의 시뮬레이션이 가능.

③ Pspice는 프로그램을 작성하는 형식으로 회로를 시뮬레이션하고 Schematics는 window용으로써 회로를 이미 구성된 소자를 사용하여 그리고 이를 시뮬레이션한다. 하지만 이 2개의 프로그램에는 근본적으로 차이점은 없다. Schematics에 Pspice가 포함되어 있다.

(2) 분석 가능한 회로의 종류

① DC 특성의 해석

② 과도해석

③ AC특성

④ 그 외에 여러 가지.

(3) 분석 가능한 회로소자

① 수동소자

소 자 종 류	예약어
Resistor	R
Capacitor	C
Inductor	L
Transformer	K
Transmission line	T
Voltage-controlled switch	S
Current-controlled switch	W

② 반도체소자

소 자 종 류	예약어
Diode	D
BJT	Q
JFET	J
MOSFET	M
GASFET	B

③ 전류원과 전압원

소 자 종 류	예 약 어
Voltage - Controlled Voltage Source	E
Current - Controlled Current Source	F
Voltage - Controlled Current Source	G
Current - Controlled Voltage Source	H
독립전류원(Independent Current Source)	I
독립전압원(Independent Voltage Source)	V

(4) Scale Form 및 내장함수

① Scale Form

규모인자	값
F(Femto)	1E-15
P(Pico)	1E-12
N(Nano)	1E-9
U(Micro)	1E-6
MIL	25.4E-6
M(Milli)	1E-3
K(Kilo)	1E3
MEG(Mega)	1E6
G(Giga)	1E9
T(Tera)	1E12

② 내장함수

내장함수	의미
ABS(x)	$\|x\|$, x의 절대값
SQRT(x)	$\sqrt{x}$
EXP(x)	e^{x}
LOG(x)	ln(x)
LOG10(x)	log(x)
SIN(x)	sin(x), x : radian
COS(x)	cos(x), x : radian
TAN(x)	tan(x), x : radian
ATAN(x)	$\tan^{-1}(x)$, x : radian

2 PSIM 사용법

(1) PSIM 초기화면

(2) 왼쪽 상당 Menu에서 File→New를 클릭. 또는 Quick Menu의 new버튼 클릭

(3) 왼쪽 상단에 Elements에서 원하는 소자 선택 후 화면에 배치

ex) AC(Sine)전압원의 입력을 원할 경우 Elements→Sources→Voltage→Sine

또는 하단 Element ToolBar에서 Sinusoidal voltage source선택

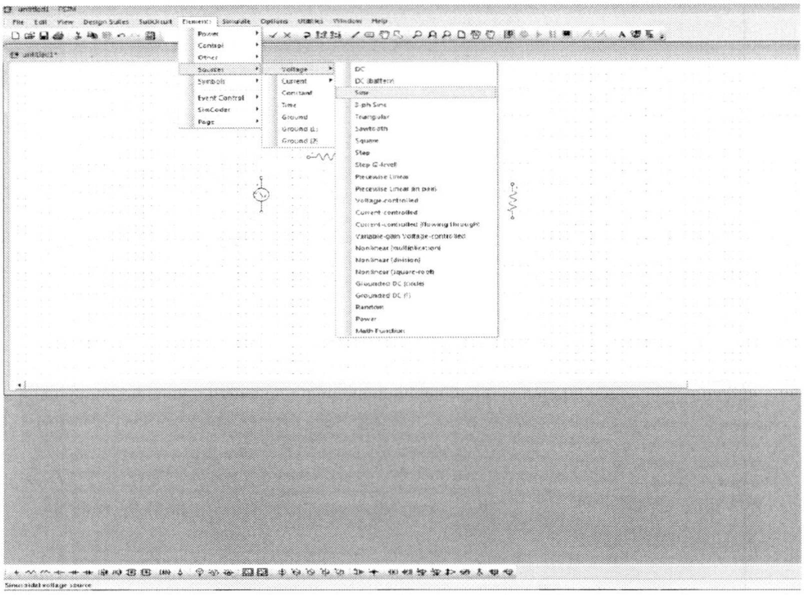

(4) Quick Menu의 Wire(Draw a wire)를 선택 후 라인을 그려준다.

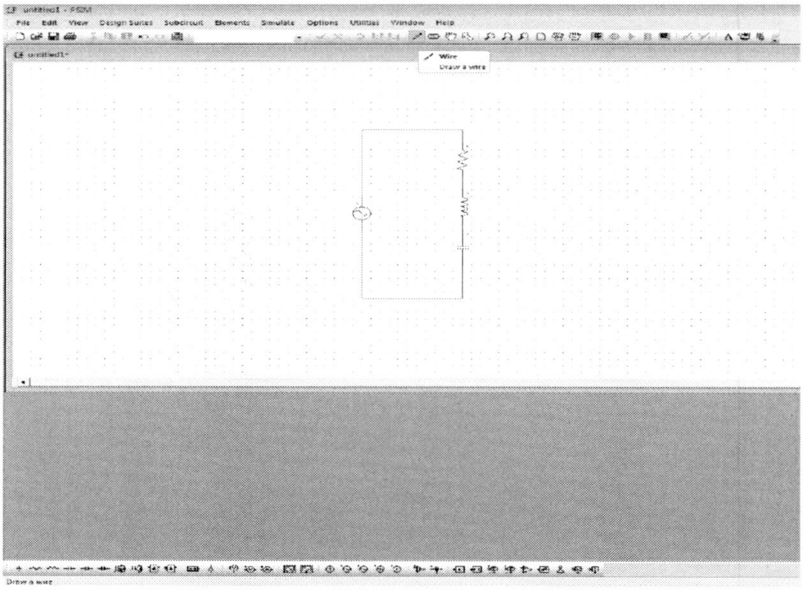

(5) 각 소자를 더블 클릭하여 뜨는 창에 각 소자의 값을 입력.

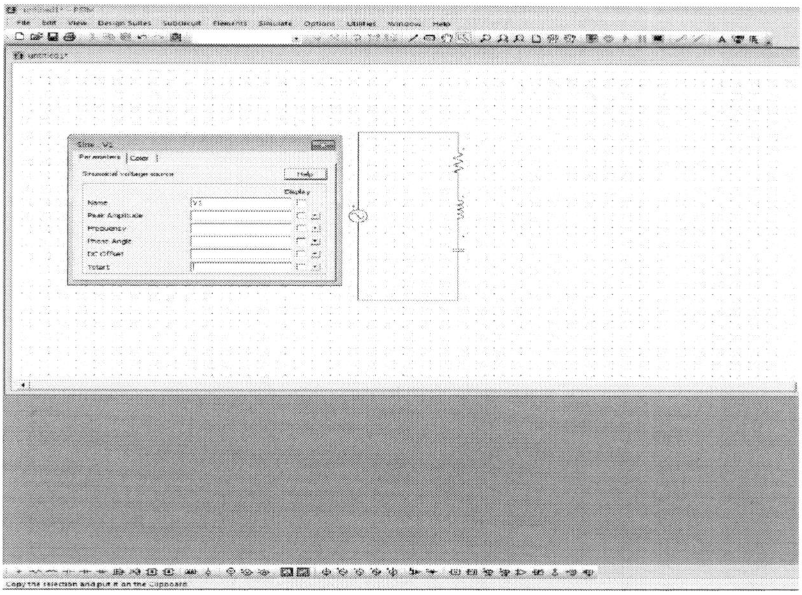

(6) 값을 보고 싶은 부분에 Probe삽입

(Elements→Other→Probes 또는 아래 Element ToolBar에서 선택)

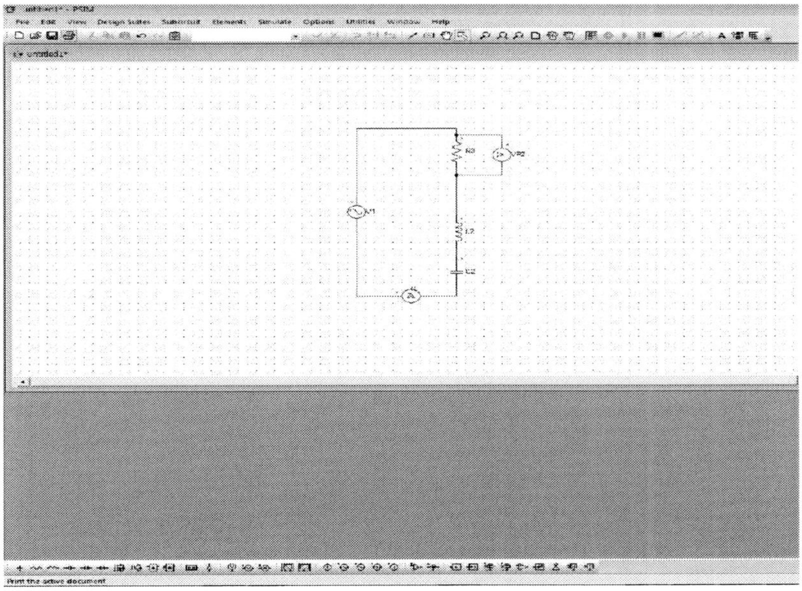

(7) 실행

(F8 또는 Menu→Simulate→Run Simulation 또는 Quick Menu→Run Simulation)

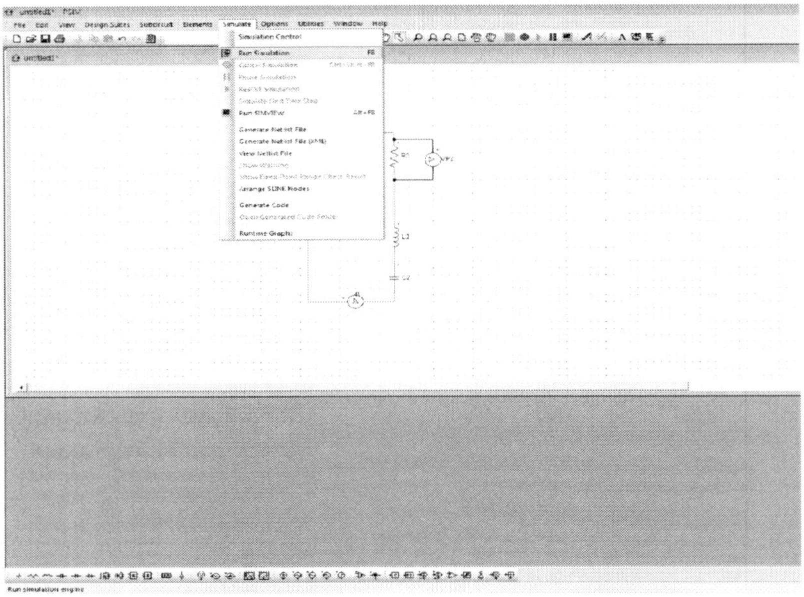

(8-1) 보기 원하는 모든 Probe를 선택 후 Add버튼 클릭

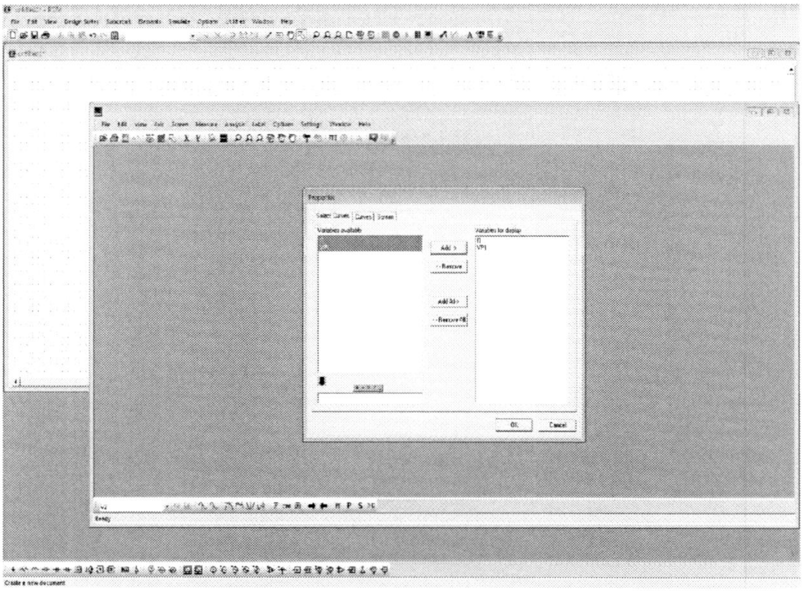

(8-2) 8-1의 결과

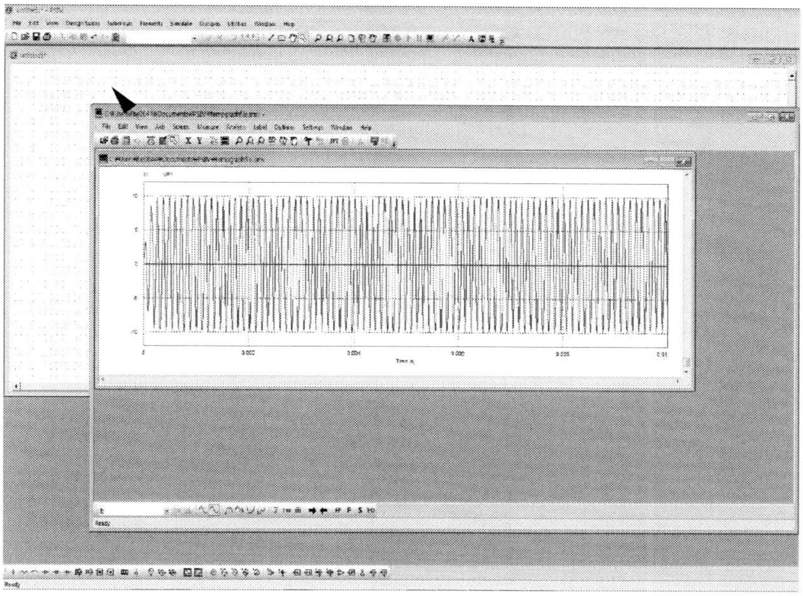

(9-1) 8-1에서 Current Probe(I1)만 Add후 실행

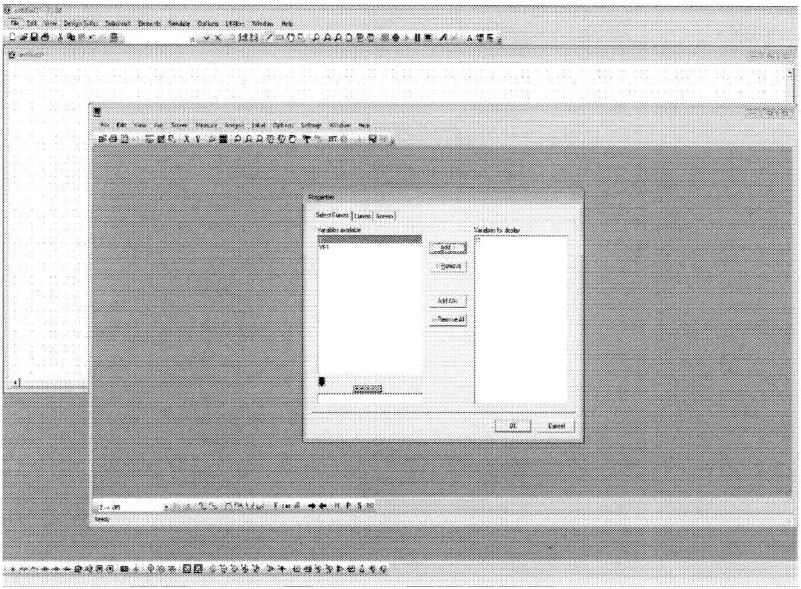

(9-2) 결과값 창의 Menu→Screen→Add screen 또는

Quick Menu→ Add one screen 클릭

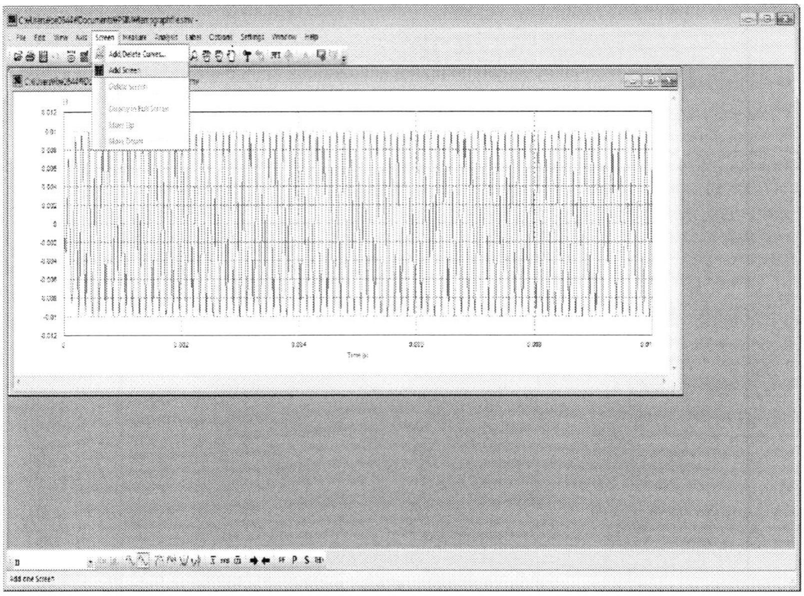

(9-3) 9-1에서 선택하지 않았던 Voltage Probe(VP1)를 Add후 실행

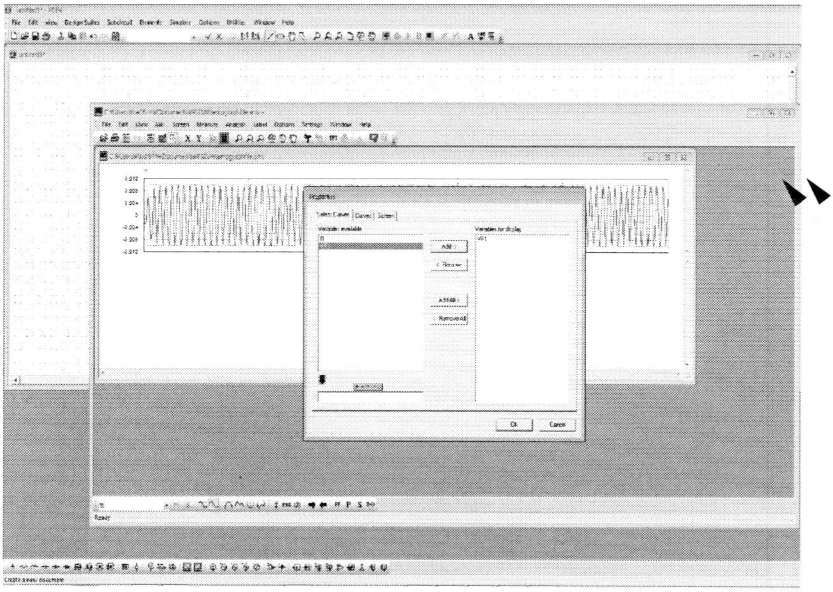

(9-4) 결과

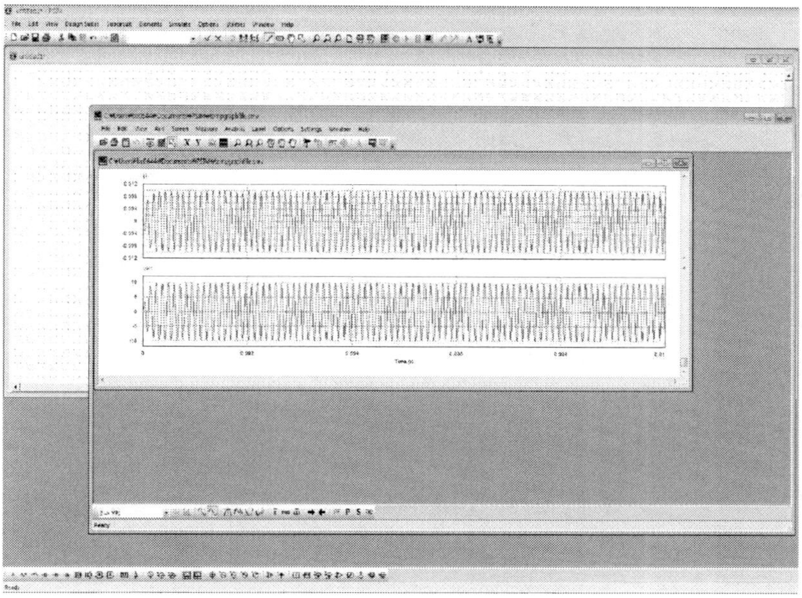

* Menu→Simulate→Simulation control을 통해 해석 영역의 시간을 설정할 수 있다,

참고 문헌

참고문헌

1. 나채동, 이공희, 조태경 공저, (전기.전자공학도를 위한)전기실험.실습, 웅보출판사, 2002
2. CHARLES K.A, MATTHEW N.O, Fundamentals of ELECTRIC CIRCUITS, McGraw Hill, 1999
3. 진경수, 기초전자실험, 한올, 2002
4. 류장렬, 류계남 공저, (기초)전자실험, 포인트, 2001
5. M. Bird, R. Schmidt, 디지탈공학 기초실험, 홍릉과학출판사 , 1992
6. 신정록, 최현식, 전기전자 기초실험, 한올출판사, 2002
7. 대한전자공학회, 전기전자기초실험, 淸文閣, 2002
8. 裵鍾文, 尹星熹, 李興者. 回路理論, 朝元社 , 1995
9. Lawrence P. Huelsman, 회로이론, 喜重堂 , 1992
10. 공병옥, 박영근, (최신)회로이론, 복두 , 1996
11. 기술사연구회, 회로이론 , 中央考試社 , 1995
12. 전자기술연구회, 디지털 IC회로의 기초, 技文社 , 1991
13. 金榮元, 서명저자 전자기기 및 디지털, 동일출판사 , 1981
14. 이창식, "회로해석법", 시그마프레스, 1994